力克在尝试着使用
他的婴儿假肢。

小时候的力克与父亲在海边游玩。

胡哲一家的合影。

骄傲的父亲（鲍里斯·胡哲）
与儿子（力克·胡哲）。

力克在演讲中。

我们的大家庭，从左到右：佳苗、清志、力克、鲍里斯（我）、德扬、杜什卡、女儿米歇尔、儿媳妇米切尔、亚伦。

力克鼓舞着年轻人。

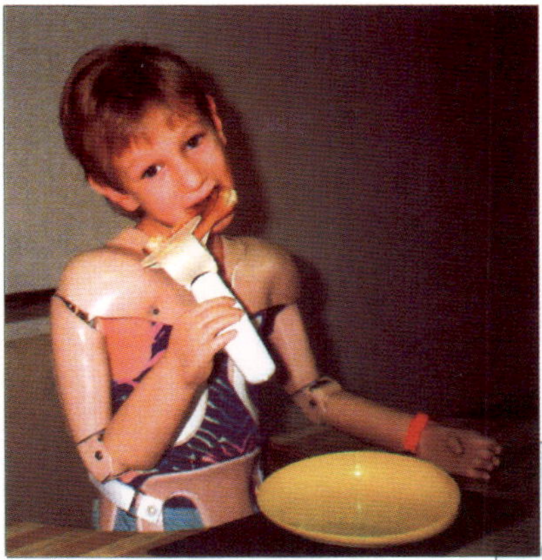

力克一直决心过不设限的人生。

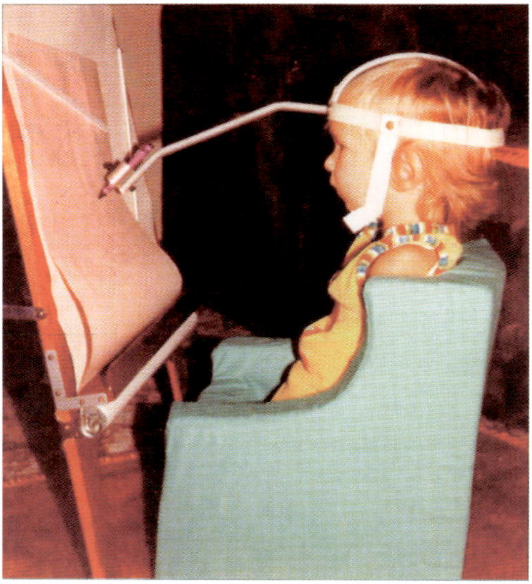

“我可以做到的。”

更多体育运动的尝试。

接纳生命中的不完美

[澳大利亚]鲍里斯·胡哲 著
吴果锦 译

长江出版传媒 | 湖北教育出版社

图书在版编目（CIP）数据

接纳生命中的不完美/（澳）鲍里斯·胡哲（Boris Vujicic）著；吴果锦译. —武汉：湖北教育出版社，2018.9

ISBN 978-7-5564-2575-4

Ⅰ.①接… Ⅱ.①鲍… ②吴… Ⅲ.①人生哲学—通俗读物 Ⅳ.①B821-49

中国版本图书馆CIP数据核字（2018）第180912号

RAISING THE PERFECTLY IMPERFECT CHILD
by Boris Vujicic

出版发行	湖北教育出版社
邮政编码	430015
电　　话	027-83619605
地　　址	武汉市青年路277号
网　　址	http://www.hbedup.com
经　　销	新华书店
印　　刷	天津旭丰源印刷有限公司
开　　本	880mm × 1230mm　1/32
印　　张	8.5
字　　数	160千字
版　　次	2018年12月第1版
印　　次	2018年12月第1次印刷
书　　号	ISBN 978-7-5564-2575-4
定　　价	45.00元

如发现图书质量问题，可联系调换。质量投诉电话：010-82069336

谨以本书献给多年来帮助我和妻子给予力克鼓舞和支持的人，尤其是我们的另外两个孩子——亚伦和米歇尔，以及儿媳佳苗，我们的父母及亲戚。当然，还有上帝，他借耶稣基督之手，赐予我们无尽的力量。

序

我生来没有四肢，身体障碍给我带来了很多麻烦，但我常说，那些没有父母的爱与支持的孩子，他们的成长比我要难得多。我想象不出那会难到什么程度。

我的父母对我关怀备至。我不是说他们溺爱我、满足我的一切要求，如同父亲在这本充满智慧和深刻见解的书中所说的那样，我的祖父母及其他亲友常常纳闷，在我蹒跚学步时，母亲为什么不上前帮我一把。

“让他自己想办法，”母亲如此答道，“他得学会自立。”

我承认，父母的这种态度偶尔会令我烦恼，尤其是，他们要求我用吸尘器打扫房间、整理自己的卧室、自己铺床叠被来挣零花钱。还有很多个夜晚，父亲逼着我做数学题，而旁边的游戏机却频频向我招手。

现在，我明白了，他们是杰出的父母。他们向我以及我的弟弟、妹妹灌输了牢固的职业道德、个人责任和信念基础。

他们几乎每天都对我说，我的人生没有设限。“你没有四肢，但你什么都能做到。”他们如此说道。

后来，父母甚至怀疑他们自己是不是做得太成功了，以至于使我家庭稳定、展翅翱翔，成了一位自立自强的人。19岁时，我跟他们说了自己首次环球演讲的计划。我已安排好了南非之行，届时将会把自己2万澳元的积蓄捐给那里的孤儿。

大家也能想象到，当时我的父母极力反对这个鲁莽的计划。他们一是担心我的安全，因为我要坐着轮椅穿行于世界上最动荡的地带；二是为我如此年轻就散尽积蓄而感到震惊。

我提醒他们说，是他们总在教育我，说我的人生没有设限，儿时的每个夜晚睡前，他们都要我做祷告——请求上帝帮助世上可怜的孩子。

“今天的一切，都是你们播下的种子啊。”我半开玩笑道。

他们笑不出来，但再未阻拦我。时至今日，父母偶尔还会被我的宏伟志向和冒险精神吓一跳，但他们总是会给我鼓舞、出一份力。

当然，我的父母都不是十全十美之人。不过，借用本书的标题来说，他们是“完美有缺”的父母。我越是长大，越是意识到：少年时令我烦恼的警告和规矩，其实都是对我无微不至关怀的父母为我做的铺垫，我的人生从而变得精彩而成功。

话虽如此，我还是有点儿不服气，因为父亲所有的反对、警告和拒绝，现在证明几乎都是对的。小时候，我曾无数次认为他是大错特错，可现在看来，他是“大对特对”。

父亲似乎总是高瞻远瞩，令我望尘莫及，这种感觉真是令人不爽。小时候，我有时都怀疑他是不是有多个分身，或者是有超能力。他干着三份工作，作为平信徒[①]牧师发起了多个教会，还帮着身为职业女性的母亲抚养家里一个不省心的残障孩子和另外两个不消停的正常孩子。

即便如此，每当我们需要父亲的时候，他总是能出现在我们面前。

小时候的一个晚上，洗澡时，我曾将自己浸在浴缸中，后来又对弟弟亚伦说：“我打算在 21 岁之前自杀。”父母此前并不知道我有轻生的想法，弟弟也不知道。亚伦跑到父亲那里，将这件事跟他说了。

父亲来到我的房间，冷静地跟我做了一番交谈。他慎重地告诉我，他和母亲爱着我，我的弟弟、妹妹爱着我，上帝也爱着我。

接着，父亲坐在我的床边，抚着我的头发，直到我入睡。

① 平信徒：基督教中没有圣职的人，就是教会中未被授以圣职的成员。

那一幕我永远都不会忘记。

当然，有其父必有其子，我跟父亲也有针尖对麦芒的时候，我们俩都是又硬又倔。父亲说，等我有了孩子，肯定也会跟他们斗得不可开交。佳苗首次怀孕时，我们把这个消息告诉了父母。父亲笑着说道："现在该你尝尝当爸爸的滋味了。"

父亲又说对了。现在，我让清志自己动手收拾玩具。将来有一天，我会让他做家务挣零花钱。现在，我在晚上睡前提醒他做祷告——请求上帝帮助世上可怜的孩子。然后，我会用下巴挠着他的脑壳，直到他睡去。我希望儿子永远都不会忘记这一幕。

"完美有缺"的儿子变成了"完美有缺"的父亲。我祈祷，希望我和佳苗能成为我父母那样好的父母。但是，有一件事我要跟他们不同。若是 19 岁的清志来对我说，他打算前往千里之外，将所有的积蓄捐给那里可怜的孤儿时，我会对他说："我跟你一起去！"

爸爸妈妈，谢谢你们所做的一切。你们使我有了今天这样精彩的人生。你们鼓励我追求不设限的人生，教我如何爱得不设限。

我和佳苗也会这样对待我们的孩子。

爱你们的力克

目 录

ONE

The Perfectly Imperfect Child

第一章

“完美有缺”的孩子

从孩子身上学会接纳与疼爱

我和妻子杜什卡既激动，又紧张。产前检查显示，孩子一切正常。孕期很顺利。预产期到了，妻子和医生、护士一同去了产房。我在产房外面，一边等着护士叫我进去，一边祈祷。此前的数月时间里，我已经祈祷过数百次了。

杜什卡是个护士兼助产士。我们俩都很清楚孕期和分娩过程中潜在的风险。稍有差池，就会出问题。我常想，正常分娩简直是个奇迹。

这是产妇第一次怀孕，我们知道，首次分娩的时间会长一些。事实的确如此，12 个小时过去了，护士才通知我进产房。一进门，我就看到了妻子眼中洋溢的快乐。接着，我看见一个小家伙被他妈妈抱在怀里，是个男孩，两条胳膊，两条腿，还有一个漂亮的脸蛋。我高兴坏了。

他是上帝的孩子，完美无缺。

这是我们家的长孙呢！

我的儿子、刚刚跻身为父亲的力克正自豪而喜气洋洋地陪在妻子佳苗身边。真是个奇迹！力克兴高采烈地在妻子和新生儿身边流连，用鼻子蹭他们、亲吻他们，确信眼前的一切都是真的——他妻儿双全了。

这一时刻，是我、杜什卡、力克以前想都不敢想的。我们害怕，因为力克生来没有四肢，恐怕这辈子都不会娶妻生子了。可在短短两年时间里，看似不可能的事情变成了现实。力克认识了一位美丽、高尚、虔诚的基督徒宫原佳苗，并赢得了她的芳心。

他们结婚一年零一天那天，儿子清志出生了。

父亲节的惊喜

7 个月之前，为把怀孕的事公布得惊喜而难忘，力克和佳苗绞尽了脑汁，也的确取得了预期的效果。力克出差刚回来，我们聚在力克家里，佳苗精心准备了晚餐，我们要补过一个父亲节。我女儿米歇尔刚好回娘家，于是便和我们一起去了力克家。主菜过后，佳苗端上来一个蛋糕。看到蛋糕的样子，我们不禁怀疑佳苗的装饰手艺是否生疏了：只见蛋糕上面什么装饰都没有，只是半边蓝色，半边粉色。我们一头雾水，不知道其颜色的主题是什么。我们看到了蛋糕，却没领会其意义。

这时，佳苗问我："爸，你想吃蓝色的还是粉色的？"甚至到这时候，我还没能听懂她这话的意思。[①]

"蓝的。"我答道。

杜什卡也没明白蛋糕的暗示，事实上，她当时不打算吃甜点了。

我拿起一块蓝色蛋糕，还没开口吃，就听到佳苗笑道："哎呀，我的暗示一点儿用都没有呢。"

我的反应还是慢了半拍，而杜什卡和米歇尔则齐声大叫道："你怀孕了！"

这时候，榆木疙瘩的我才明白了蓝、粉蛋糕那精妙的象征意义。我随即加入庆祝之列，这是我首次跟儿子力克共享父亲节的祝福，他即将为人父了。

首次共度父亲节，是我一生中最精彩的时刻之一。想到与力克一同走过童年、走进成年的情感历程，我感到更加甜蜜。力克出生之前，我们不知道他会没有四肢。医生再三跟我们说，力克的情况没有遗传特征，可尽管如此，直到看见清志完美无缺地降生，我们心上的石头才算落了地。

力克出生时，我们觉得悲伤而害怕，孙子清志的出生，

---

① 蓝色代指男孩，粉色代指女孩。

将萦绕在我们心头的痛苦一扫而光。这是我们生命中两个强烈的反差。看到上帝对我们的孙子有跟他父亲不一样的安排，我们备感轻松。

在清志出生之前，我对“完美无缺的人”有不一样的观点。我和妻子都是终生信奉基督教的人，但在力克出生时，我们经历了一场信仰危机。我们无法相信，仁慈的上帝竟然给了我们一个如此艰难的重担——一个有着如此严重身体障碍的孩子。他是在为我们无法领会的某些原因而惩罚我们吗?

后来我们知道，我们当时的反应，是残障儿童父母的典型表现，可在当时，我们并不知道。我们未能把眼光放远，看看力克将来会有怎样的发展，我们看不到——他最终会成为上帝的恩典，不仅是对我们一家，还有全世界无数的人。

所有经历，都有意义

那时，我和杜什卡目光短浅，只看到了力克及我们一家将来的艰难困苦。我们大错特错了。我们的儿子，以及我们一家人的经历，都令我们的人生变得丰富多彩，还教会了我们许多道理——这些道理正是本书的写作主旨。力克令我们对“理想的孩子”有了新的理解，也令我们更为钦佩天父的造物神力。

通过力克，我们找到了《圣经·诗篇》中“受造奇妙”[①]的新意义。我们将力克视作上帝的美好创造，是上帝想象力的美好体现。最初，我们有些愚钝，不能领会这一点。当时，我们不知道，没有四肢是上帝对我们儿子的特意安排。

不论在世界何地，人们只要见到力克，当即就会明白他在身体和情感方面所要面对的大量的艰难困苦。他们能想象得到，要拥有这样积极而非凡的人生，要成为一位励志演讲家、福音传道者，进而周游世界帮助他人、给大家带来希望，需要付出怎样的努力。所以，当力克向大家进行励志演讲、传播福音时，人们都会深受感动，甚至会影响他们的人生。

我和杜什卡现在明白了，力克和清志都是完美的孩子。为明白这个道理，我们花了太久的时间；为获得这个领悟，我们挣扎了无数个日夜。我们经历过人生的低谷，然而，在养育我们不同凡响的儿子的过程中，我们经历的所有痛苦和挫折，都令他的成功和成就更加甜美，也更有意义。

---

① 出自《圣经·诗篇》（139:14）：“我要称谢你，因我受造奇妙可畏。你的作为奇妙，这是我心深知道的。”

两次截然不同的出生经历

长孙出生，对任何祖父母来说都是一个特殊的时刻。看到力克首次与新生儿额头相抵，用鼻子蹭他，我喜不自禁。力克出生时，我们的感受是吃惊和害怕，而清志出生时，我们的感受与之截然相反，是异常欢喜。

清志出生时身体并无异状，在所有人眼里，他都是个完美的小生命。可是，就像当初我们无法预知力克将来的生活一样，我们也无法预知上帝对我们的孙子有何安排。我们“完美无缺”的孙子，是否能追随其“身有缺陷”的父亲，甚至青出于蓝而胜于蓝？他被寄予厚望，但我觉得这其实并不重要，我希望清志能活得幸福美满，有自己的渴望和追求。

我认为，重要的是——不要给孩子设定种种局限，不要让他们背上我们的期望，因为与造物主相比，我们的眼界差得太远。对于一个盛有一半水的玻璃杯，惯有两种看法，一是认为半空，一是认为半满。其实，还有第三种看法——杯子总是满的：一半是水，另一半是空气。我们常常以自己的认知来判断事物，而事实却往往像这半杯空气一样，隐藏在我们的认知之外。

力克出生时，他的人生之路似乎会崎岖无比。当时，我们不知道人有在绝境中崛起的能力。贝多芬[①]在人生的最后三十多年里逐渐失聪，但他在此期间谱写出了一些著名的交响曲。贝多芬最后完全失聪，但他并不是用听力来创作音乐的，而是用心。霍金[②]身患重病，最后致瘫，但他在40年的事业生涯中，成了举世闻名的理论物理学家和作家。实际上，霍金手脚都不能动，身体只是一个躯壳而已，心智才是关键因素。我们的精神力量能够克服近乎所有的身体障碍。

久而久之，儿子力克向我们展示了当初我们在产科病房中那个没有四肢的小天使身上看不到的东西。他令我们心服口服，我们对他钦佩不已。出生时的力克似乎是不完美的，但真正有问题的，是我们的眼光。

---

① 路德维希·凡·贝多芬（Ludwig van Beethoven，1770—1827）：德国杰出音乐家，维也纳古典乐派代表人物之一，世界音乐史上伟大的作曲家之一。他的作品对世界音乐的发展有着深远影响，被尊称为“乐圣”“交响乐之王”。从1796年开始听力日渐衰弱，46岁时听力完全丧失。

② 斯蒂芬·威廉·霍金（Stephen William Hawking，1942—2018）：1942年1月8日出生于英国牛津，现代伟大的物理学家之一。21岁时患上肌萎缩性侧索硬化症，全身瘫痪，不能言语，手部唯独有三根手指可以活动。

从担忧到信任

力克出生时，我和杜什卡整日惴惴不安：不仅担心他的身体障碍，还担心我们未来的生活。我们觉得没有能力给这样一个孩子提供基本的生活保障，更不消说将他抚养长大，让他成为一个快乐、自信、优秀的人。

对儿子力克，以及另外两个孩子米歇尔和亚伦而言，我和杜什卡并不是完美的父母。我们有长处，尤其是有共同的信仰，但在养育力克的过程中，我们经历了重重艰难困苦。我们彼此的爱曾经历多次考验，有几次差点儿破裂。

但是，在上帝的帮助下，我们把力克抚养成人了。我本可以说，是我们将他抚养成了今天这个样子，可事实是，我们只是没有添乱、影响上帝对他的塑造。比如说，力克找到了人生的目标——成了一位励志演讲家和福音传道者，在这件事上，他并未得到我的指点和支持。我不知道他还有这种潜力，但当他相信自己能做到时，我并未阻拦。对此，我深感欣慰。

话虽如此，但我也曾建议他给自己备好退路。我曾坚持让他接受教育，并为此退路打好基础。当时，力克对此不以为然，但现在他很感激我的决定。我之所以这么做，是出自对他的爱，还因为指导孩子未来的发展是我们身为父母的责任，尽管有时候是一厢情愿，有时候是有明确的目标。

在抚养力克之初，我们只是着眼于他所缺少的东西。然而，久而久之，我们的观点变了，因为或是独自设法，或在我们的帮助下，力克似乎做到了所有需要做的事。渐渐地，我们关注的不再是“他不能做什么”，而是“他能做什么”。这一简单的转变，给我们的感觉和日常生活带来了巨大改变。

我们曾跟力克一同出席活动，很多严重残障儿童的父母向我们寻求建议和意见，还有很多父母给我们发来电子邮件。我能给予他们的启迪，远不如他们带给我的多。尽管如此，仅仅是知道有人与你同病相怜，与你有同样的悲伤和担忧，也能令你稍感慰藉。我很高兴有机会向其他父母提供帮助。就这一点而言，作为力克的父亲，我觉得很有收获。

和特殊儿童的父母分享经验

2014 年春，我和杜什卡到越南一个体育场，参加力克组织的一场活动。那时，力克已经是享誉国际的畅销书作者、励志演讲家和福音传道者。他在 Facebook（脸书）上的关注人数已达 750 万，Twitter（推特）上的关注人数是 35 万，在 YouTube 上发布了至少 29 部视频，每部视频都有 100 万 ~ 400

万的点击数。力克已经成了全世界首屈一指、受人欢迎的残障人士。

因为力克，很多残障儿童或特殊儿童的父母都与我们接触。他们知道，我们经历过他们正在经历的，所以有很多问题要问——正如我们当初一样。在抚养力克之初，这些问题曾让我们夜不能寐：

怎样才能让这个孩子活下去？

他能否学会自己穿衣、吃饭？

他的脑子会不会有问题？

怎么让他接受教育？

我们的孩子能不能有正常人的生活？

怎样才能帮他养活自己？

要是我们再生第二胎、第三胎，是不是也会有这样的残疾？

怎样向他本人、向他的兄弟姐妹、向别的孩子解释他的身体障碍？

对人生如此艰难的孩子，我们怎样教他爱上帝、让他知道上帝爱着他？

怎样才能给他希望和强大的精神力量？

怎样才能变得坚强，获得所需的人力、物力，来指引孩子成长？

听别的父母讲述他们的故事，我和杜什卡往往自愧不如、潸然泪下。我们很高兴能有机会给予他们希望，向他们传授经验，向他们讲述如何将一个身有残疾的孩子培养成人，且心智健全而颇有成就。

力克常说，小时候他一直乞求奇迹出现——能够重新长出四肢。这个奇迹从未出现，但上帝把他变成了一个奇迹，给别人带去鼓舞和启迪。我和妻子也有过类似的感受。力克出生之后的很多年里，我们曾祈祷上帝让他长出四肢。我们还曾祈祷上帝，请他赐予我们智慧，至少让人来给我们指引——孩子的未来晦暗无光，教教我们如何将他抚养成人。

在力克的整个童年里，我们都没找到跟我们同样的父母——有个生来没有四肢的孩子。因此，我们无处寻求帮助和建议，只得摸着石头过河，边犯错边前行。正因如此，我们很高兴能向残障儿童的父母提供指导，以及亲自总结的实用建议。

信念，让不可能变成可能

回想与力克的越南之行，在那个陌生的国度，看到成千上万的民众为他们的英雄——我的儿子欢呼，我感到内心平和，充满感激。看到听众纷纷挤到力克身边，给他拍照、与他交谈、跟他拥抱，我和杜什卡都惊奇不已。

力克出生后的数年时间里，我和杜什卡都对他的将来不抱太大的希望。我当时无法想象，他竟然能成长为如此坚强而有成就的一个人，更不消说娶妻生子了。力克证明了一个道理：任何人都不会被条件所限，只要着眼于各自的天赋，而非缺失，大家都能活得充实、快乐而有意义。我们都是不完美的，我们又都是完美的。

力克曾将这些道理写在书里，他的书畅销全球。我这本书则是从另一个角度——父母的角度进行阐述。我和妻子不敢说在养育子女方面有什么过人之处，力克出生时，我们几乎毫无准备，手足无措。我们都是来自逃避宗教迫害的移民家庭，所以，我们身上遗传了先辈的韧性和坚强的内心。然而，力克成年后的成就，都是他杰出的个人努力，以及上帝神力的结果。身为父母，对孩子的判断能错到什么程度？而我就是大错特错了，所有父母都免不了如此。我们可能都看不到孩子的潜力，甚至是没有身体障碍的孩子的潜力。我一直以为自己是个虔诚的信徒——我是个平信徒牧师，发起过多个教会。可是，看到儿子生来没有四肢，我无法相信上帝对他自有安排，而上帝的安排远超我和妻子的想象。

是力克点醒了我们，甚至在他还是婴儿时，就向我们展示——他的价值和潜力是我们短浅的目光所看不到的。儿子证明了一件事：只要有信念、有决心，一切皆有可能。而能证明这个道理的不止力克一人，除了他还大有人在。

在那次越南之行，以及其他活动中，我们看到，力克就像一块磁铁一样吸引着其他残障人士。许多身体、情感、精神上有障碍的男女老幼，他们克服自身限制和条件限制，令人刮目相看。看到他们，我们既惊讶，又受鼓舞。

我和妻子曾经怀疑，上帝给我们一个没有四肢的孩子，是不是要惩罚我们，但后来我们渐渐明白，力克是上帝对我们、对这个世界的馈赠。真的。因为力克，我们明白了《圣经》中那句话是对的："对信的人，凡事都能。"[①] 我们愈加相信，世人眼中的不可能，在上帝那里都是可能的。

身为力克的父母，我和杜什卡原本惊慌失措，现在却骄傲而荣耀。力克是如此勇敢、坚忍、虔诚、充满爱心，而上帝让我们俩给他指导和支持，对此我们心怀感激。力克给我

---

① 出自《马可福音》（9:23）。

们的最大的馈赠，除了清志和德扬两个孙子之外，当属这份荣耀——为别的特殊儿童的父母带来希望、鼓舞和指导。

本书是面向那些因养育孩子而惊慌失措的父母，尤其是特殊儿童或残障儿童的父母。其主旨是照亮前行之路，迈向美好的明天，从而指引孩子活出精彩。

我鼓励所有的父母不要拘泥于表象，而是看进孩子的内心深处。老师、医生、心理学家往往会给孩子冠以各种“标签”，如“有学习障碍”“诵读困难”“唐氏综合征”“残障”“有特殊需求”等，因为这是他们的专业习惯，但他们不知道“标签”背后是个什么样的人。

我们尽量杜绝为力克“贴标签”，不使其边缘化。因为我们的儿子聪明而勇往直前，我们希望他能利用一切机会证明自己身在这个世界的价值。所有孩子都兼有长处和短处，他们总能在某些方面令人啧啧称奇。我们的职责是养育、鼓励、引导他们，帮助他们好上加好。

我和杜什卡深知，随着一个特殊孩子或残障孩子的出生，父母会背上怎样的愧疚、沮丧和不安。通过将力克养育成人，我们学会了有耐心、韧劲儿、毅力，以及对信仰虔诚，这些都是我们以前不曾有的品质。

以身作则

还有很重要的一件事：要想把孩子培养成才，关键要为其树立一个成功的榜样。就像埃德加·加斯特在诗中所写：“孩子的小眼睛，把你日夜注视。”在教育孩子这件事上，你的生活方式远比你的说教更有力度。孩子富有观察力，在你言行不一致时，他们能轻易识别出来。

上帝为每个孩子量身打造了各自的人生，罪孽与不幸会干扰上帝的计划，所以，我们需要帮助孩子找到并实现它。在养育力克的过程中，我和杜什卡在这些方面积累了很多经验教训，本书中所列的指导意见就将其归拢在内，并以此为基础进行拓展。

你要知道，每个孩子都是上帝的完美作品。在抚养特殊孩子或残障孩子时，要保持积极主动。

获悉孩子有身体障碍时，悲伤是允许的，但不要有负罪感。

抚养特殊孩子会带来额外的精神和经济压力，不要灰心失望，要慢慢接受，并对原先的期望做出调整。

思想开明，潜心倾听，细致观察，如此一来，让孩子教你如何成为最好的父母。

通过学习，成为孩子最好的医护人员，知道该问专业人士什么样的问题。

确保家里的每个孩子都能得到所需和应得的爱和关注，因为特殊孩子的兄弟姐妹往往会感到被父母忽视、有愧疚感，或觉得父母已身背重负，自己理应成为“超级省心”的孩子。

为孩子选择最佳教育方式，学会应对各种繁文缛节。

让孩子做好进入社会的准备。同时，身为父母，也要做好放手的准备。建立坚实的情感基础，以应对各种不安全感和欺凌现象。允许孩子犯错、经历失败，以使其成长为自立的人。

作为夫妻，作为家人，要尽可能花时间相处，保持沟通，寻求相互理解，以相互支持，共同爱孩子、养育孩子。

保持信仰。在我们的婚姻中，我和杜什卡曾亲身感受到祈祷的神力。在养育孩子时，每一对夫妻都可以随时寻求精神层面的指引和帮助。

不论力克走到哪里，他的听众和支持者都排着长队，等待数小时只为跟他见面或给他拥抱。在有些城市，因为等候的人太多，当地政府只能采取封路的措施来维持秩序。我和杜什卡常被问及，在力克的身体障碍带来的艰难困苦面前，我们是如何将他培养成如此乐观、坚毅、多才多艺、虔诚的一个人的。这些问题，都能在本书中找到答案。

能有今天的结果，除了上帝，力克自己的功劳是最大的。

他的生活方式，即是“信仰之力”和“精神力量”的最好证明。我建议，在你的孩子能识字、能听懂道理时，让他读读力克的书，看看他的视频。让他看看，一个身有残障的孩子都能把人生活出意义，用力克的话说——“能有精彩的人生”。

温馨提示：

身体障碍并不能决定孩子的未来。

你对“养育孩子”的最初理解，并非就是你未来的生活状态。久而久之，现实生活往往比你预想的更加丰富多彩。

最初看似沉重的负担，其实往往是天赐的福分。

很多父母跟你同病相怜，只要有机会，就可向他们寻求建议和意见。

你已知的，只是过去的经历，做好准备，迎接今后的人生。

秉持这样一个信念：只要敞开心扉，就能找到所需的力量和支持。

TWO

A Shocking Birth

第二章

晴天霹雳

悲伤乃是情理之事，拿出时间重整心绪

任何一对夫妻，在其首个孩子出生时，都不愿心中占据着无情的悲伤。在写下这段文字时，我仍心有不安，尤其是因为我的儿子最终给我们的生活、给全世界无数人带来了如此多的快乐。

尽管如此，我仍想让那些残障孩子、特殊孩子的父母知道——你们最初的悲伤，是常见的、情理之中的反应。就我而言，直到最后我才明白过来，我伤心的并不是力克的“不完美”，而是因为自己想有个“完美”孩子的期望落空了。

很多父母对我说过，他们也有相同的心路历程。他们也都像我一样，对自己的反应感到愧疚和不解。我学会了原谅自己，不再因这些负面的想法和情绪而苦恼，我鼓励别的父母也这样做。我们都是凡人，极少有人能有《圣经》中约伯[①]的忍耐力。

---

① 约伯：《圣经》中的人物。约伯是上帝的忠实仆人，以虔诚和忍耐著称。

力克出生前 8 周时，杜什卡去医院做产前超声波检查，那时她 25 岁。检查过程中，医生对她说，她怀的是个男孩。医生指着仪器屏幕说："看，很容易就能看出孩子的性别，因为他的双腿没有遮挡住下体。"

当时，医生的话听着没什么不妥，所以并未引起我们的担心。现在回想起来，我们却无比懊恼。怀孕期间，杜什卡曾咨询过医生，因为她觉得胎儿个头有点儿小，胎位偏下，而医生说一切正常，让我们放心。

我们没有理由怀疑医院专业人士的意见，因为杜什卡本人也是医务工作者，她也尊重他们的意见。怀孕期间，她采取了所有预防措施：她从不吸烟，孕期也没有喝酒、没有服药。

进产房之后，杜什卡拒绝使用麻醉药。起初一切顺利。我也在产房里，跟杜什卡、医生、护士在一起。开始分娩时，大家紧张了一下，因为助产士发现胎儿的头是仰伸的状态。也就是说，胎儿的头颈伸得太直，在分娩时其头部最大的部分得通过骨盆。通常情况下，在分娩开始时，胎儿会收拢下巴，这才是分娩的最佳胎位。如果胎儿始终处于胎头仰伸状态，医生就会采用更安全一些的剖腹产方式了。

随后，助产士发现胎儿调整了头颈姿势，已是分娩的最佳胎位，大家心里的石头落了地。当时，我感到万分庆幸，因为杜什卡原想在家里，让我在她的指示下帮助她分娩，但最后还是被我说服了。我不想在没有医护团队和医疗设施的前提下处理分娩过程中的复杂情况。

可我放下的心很快又提了起来。医生用助产钳将力克拉出产道，他的头和脖子露出来了。当时，我就发觉儿子的右肩看似不大对劲儿——起初他的右肩似乎形状有异，接着我就看到，原来他没有胳膊。

我看不真切，因为我站的地方视野并不好。医务人员围了上去，挡住了我的视线，我只能在人缝中瞥见孩子的一部分身体。孩子刚生出来，医务人员就把他抱到产房远端做进一步检查。他们都默不作声。

我不愿相信自己的眼睛。我肺里的空气仿佛都被抽干了。杜什卡也没有看到婴儿的样子，因为她的视线也被挡住了。分娩之后，她还盼着护士把孩子抱给她，放到她怀中，因为这是分娩的标准流程。可孩子久等不来，她也变得担心起来。

“孩子还好吗？”杜什卡问道。

时至今日，她那句颤抖的问话仍会在我梦中响起。没有人回答她的问题。医生和护士挤在屋角，围住了我们的孩子。杜什卡又问了一遍，语气更加紧迫，可仍没有回答。

我的意识正在疯狂地处理我所看到的分娩情况。一切都发生得太快，我怀疑自己是否真的看到一个没有胳膊的肩膀。

看到医务人员没有回应杜什卡的问话，我觉得胃抽紧成一团，一阵作呕。一位医务人员看到了我的情况，就一言不发地陪同我走出了产房。

走出产房时，我听到一个护士说了一个很陌生的词语——“phocomelia”①。当时，我并不知道这个词的意思，但我很害怕。我在院子里的椅子上坐下，双手捂脸。我不知道到底是怎么回事，但我隐约觉得很不对劲儿。

好像过了很久，医生出来了。他对我说，他们给杜什卡用了镇静剂，她正在休息。

“我要跟你说说孩子的情况。”他说道。

我打断了他的话，说：“孩子没有胳膊。”

“孩子没有胳膊，也没有腿。”他说。

“什么？胳膊和腿，都没有？”

他面色凝重地点了点头，接着跟我解释说，“phocomelia”是个医学术语，指的是四肢缺失或严重畸形。我从未被人猛击过头部，但在我想象中，那种震荡感应该与我当时的感受类似。当时，我的第一个念头就是，趁着别人尚未将这个消息告诉杜什卡，赶快到她身边去。我站起身，向产房走去，

① phocomelia：海豹肢症，是一种罕见的先天性畸形，婴儿大多没有手臂和腿，或者手和脚直接连在身体上，很像海豹的肢体。

那位医生一手搭在我的肩上，以示安慰。我脑子里一团乱麻，身体毫无知觉，脚底轻飘飘的，血管里仿佛空无一物。

一路上，我思考着该如何把这个可怕的消息告诉妻子。可刚走进产房，我就听到杜什卡的哭泣声——很明显，有人已经告诉她了。我很不高兴。我想在她得知消息时，我在她身边，支持她、安慰她。可为时已晚。我俯身抱住她，抚着她的后背和肩膀，想减轻她的痛苦。她的身子因哭泣而抽搐，我也随她哭了起来。

因为分娩的劳累和镇静剂的药效，杜什卡全身瘫软无力。几分钟之后，她安静了下来，我发现她已经睡着了。我把她放倒在床上，希望她能平复下来，坚强起来，然后去面对我们艰难的抉择。

趁杜什卡睡觉的时间，我去了保育室，首次在近处看到儿子。他跟一些新生儿在一起，裹着毯子，正在睡觉。他长得很可爱，典型的新生儿的迷人样子，天真无邪，对今后的艰难生活毫不知情。

一位护士把力克抱给我，我第一次把他抱在怀里。我很惊讶，因为他是那么实实在在、那么健康。他大概有 6 磅重，其结实的身体令我感到既惊讶又宽慰。他看似一个正常、可爱的孩子。

我抱着力克，心中五味杂陈。我爱他。我能感觉到爱子之心越来越浓，可我还有担心和疑虑：要养育这样一个孩子，我有那么坚强吗？我能给他怎样的生活？他的需求，是否会超出我们的能力？

护士要帮我把力克身上的毯子揭开。我不知道自己是否做好了看他身体的准备，但最终我还是同意了。大家能想象得到，先是看到孩子可爱的小脸，再看到他没有四肢的躯干，这是怎样的一种冲击。奇怪得很，因为他的肩臼和腿根处包裹着软嫩的肌肤，所以他的躯体成流线型，甚至有些好看。

细看之下，更与众不同的，是他身子下面发育不全的两只“脚”：在他身子右侧，是一只未发育的小脚；左侧身子底端那只脚已具雏形，上面有两根脚趾，却似乎粘连在一起了。较小的右脚不能动弹，更像个累赘而非身体器官，大一点儿的左脚似乎功能更全一些。

除此之外，力克与正常男婴并无二致，他还有一张天使般的脸庞，令所有父母都忍不住想捧着亲吻一番。我因他眼下的无知而感到庆幸，却又为这个孩子所要面对的艰难困苦而担心、害怕，我只希望，他知情的那一天越晚越好。我把他放进婴儿床里，走了出去，走进前路未卜的生活中。现实已是如此，似乎再无转圜的余地了。

开车回家的路上，无比的悲伤一波又一波冲击着我。我伤心，不是因为儿子的降生，而是因为我们盼望的孩子落空了。我害怕这个孩子将度过痛苦的一生。我的疑惑和绝望变作愤怒：上帝啊，你为什么如此对我？为什么？

这不是“超级父母”或“超人”的反应。我并未像《圣经》里的约伯一样，立即向上帝表示恭顺——在一天时间里失去了所有的孩子之后，他冷静地说：“赏赐的是耶和华，收取的也是耶和华。”

这只是一个并非十全十美的人、一个普通人的反应，是一个心碎的丈夫和父亲，怀疑自己应为这悲剧、为残缺的孩子担负责任。这是报应吗？很多残疾儿童的父母曾告诉我，他们在早期也经历了同样的疑惑、担忧和愤怒。

我更担心的，是那些不表现出悲伤的父母。心理专家说，我们不应压抑自己的感受，而应让其自发表现出来。强烈的感情得以释放，进而有望将其抛开，不再深陷其中。这个过程是不可预知的，其形式也多种多样。悲伤也是人生阅历的一部分，人人都有，而且，遗憾地说，当有一个健康、完美的孩子的期望落空时，悲伤是必经的过程。

《圣经》上着重强调的是约伯的坚强，但我认为，他也有软弱的时候。所有父母都希望孩子身心健全，有一个自由自在、充满希望的未来，而大家自然而然都认为，残疾孩子会比正常的孩子面临更多艰难困苦。

伤心落泪，不必羞愧。对身为父亲的一方尤其如此。男性往往秉持这种观念：我们是硬汉，必须勇扛重担，不能诉苦、抱怨。男人是不能落泪的，因为表露情感会被视为软弱无能。可是，只要有爱，就会受伤害。情感的表露并非女性或母亲的专利，男性与孩子也有情感纽带。我们与女性一样，对孩子有梦想、有期望。我们可以在保持坚强的同时表达害怕和悲伤，就像《圣经》中的耶稣一样。无须感到羞愧，我们都需要时间去接受、去适应、去调整。

被打碎的美梦

我回到家里，身处可怕的寂静之中。屋里空荡荡的，满眼都是华丽的装饰，那是为了迎接我们第一个孩子的降临而装点的。儿童卧室里的摇篮和美丽的毯子，还在等着儿子使用。我记得，当初在安装婴儿床时还担心过，怕床栏杆太矮，待孩子能站立时不安全。现在，我想到的，却是儿子一生都要躺在床上，不能站立，不能行走，甚至不能爬！我再次崩溃，痛哭起来，最后在疲惫中不安地睡去。

第二天早上醒来时，我的心情依然沉重，浑身上下、从里到外都疼。我为期盼而不得的完美孩子而哀伤，我为降临于世的这个不完美的孩子而悲痛。我觉得自己不适合、没能力养育这样一个孩子。我觉得与上帝断了联系：过去，他一直支撑着我，现在却好像把我抛弃了。我不愿回医院去，我害怕见到妻子。我自己尚且心烦意乱，又如何去安慰她呢？这个无辜的孩子，我的儿子，我觉得他的需求超过了我的能力范围，我又该如何面对他呢？

我来到医院，杜什卡已经醒了，却泪流满面。我问她是否见过孩子，她只是摇了摇头。

“我去把他抱来给你看看？”

她又摇了摇头。

我竭尽所能安慰她、陪着她，直到她睡去。接着，我又去了保育室。儿子还是裹着毯子跟别的婴儿并排躺着，他可爱而快乐。看着他英俊的小脸，我忍不住想道：没有四肢，这个孩子会有怎样的人生？他不能行走，不能自己吃饭、穿衣，他的生活会是什么样子？

愤怒和悔恨再次涌起。上帝啊，为什么？你为什么让这样的事情发生？他哪怕是死了，都比这样活着强啊。你为什么不把他带走，让他免受所有的痛苦和不幸？

我回到妻子身边。她已经醒了。

她问我是否见过力克。

“见过了，”我答道，“很漂亮。”

她扭过头，脸庞因痛苦而扭曲。

“我把他抱过来？”

她又摇了摇头，头埋在毯子里哭了起来。我不知该怎样安慰她。我们的生活已经远离了已知和期盼的一切，不知该何去何从。

力克出生时，我们夫妻的表现并不高尚，并不令人敬佩。我们曾向力克讲述过这段往事，我想他能理解。我希望他能理解。

人之常情

我们刚从震惊中走出来，又不得不面对严峻的问题，即养育力克所需的人力、物力。这段难熬的日子里，我们多少有个优势，那就是我和杜什卡已经结婚5年了。在准备要孩子之前，杜什卡完成了护士专业学习，又进一步深造，成了一名助产士。在此期间，我先是当办事员，后来做了生产计划员。我们偶尔旅行，同时攒钱准备买房子。我们的感情基础很牢固，我们是夫妻，也是朋友。在大多数事情上，我们都能达成一致。

与绝大多数夫妻一样，我们的关系在随后的岁月里经受了多次考验。首个大考验就出现在力克出生时。现在回想起来，我相信杜什卡当时是得了产后抑郁症。她的病情很复杂，最初的悲伤也随之恶化。分娩之后，每位新妈妈都会身心疲惫，其中大部分人会有一定程度的情绪波动，或因分娩后体内激素变化导致产后抑郁。产后抑郁症的持续时间会长一些，是一种常见的产后并发症。表现在杜什卡身上，其悲伤加剧，无法接受力克没有四肢的现实。

我的妻子细心而体贴，富有爱心，可她刚开始时不知所措，还拒绝抱孩子、给他喂奶。她满心焦虑和恐惧，一哭就是几个小时，还总在说："这不是真的，这是场噩梦，我做不到。"

杜什卡需要时间和空间来平复情绪。我们都有各自应对压力的方式。人的悲伤通常有几个阶段：否认、愤怒、迷茫、绝望、接受，而各个阶段的强度和持续时间会因人而异。后来，我从一些书中读到，在孩子生病或残疾时，父母往往以不寻常的方式感受到悲伤，有些人会经历某种循环，或是不断反复，或是日久难安。在这种情况下，就需要向心理医生求助了。

治疗情绪创伤

此类事情发生时，夫妻二人都会受到影响。明白这一点很有好处，也能使人感到宽慰。夫妻需要彼此支持，相互指责一点儿用处都没有。你或许认为自己能妥善处理事情或情绪，可绝大多数人对此并无把握。

力克出生后的几天时间里，杜什卡所受的打击常常表现得令我惊讶，因为我弄不清她所受伤害的深度和广度。有一次，我走进病房，发现她在哭。见我进来，她轻声说道：“你不该送花给我吗？别人刚当上妈妈就收到花了。”

我吃了一惊，答道：“当然会送花给你，真对不起，我忘了。”

那几天，我心绪烦乱，竟然忘了按照风俗给妻子送礼物。我走出病房，去了医院的花店，很快就给杜什卡买了花作为补救。杜什卡觉得伤心，还因为我们到现在还未得到亲友的探望。我知道，他们仍在消化这一出乎意料的离奇事件。他们中的大多数人不知道该跟我们说什么好，而我们俩也一直未能与他们交流。慢慢地，我们陆续收到了亲友送来的鲜花、礼物和卡片。大多数赠言亲切而谨慎，但我和妻子读着读着就会感动得流下泪来。

回头看看那段日子的时候，或者，跟残障孩子的父母谈及他们的悲伤阶段时，我能看到，当时我和杜什卡的反应其实是很普遍的：在最初的几天甚至几周时间里，我们把自己与外界隔绝起来了。

其中原因有很多。我们很伤心，需要时间独处，以平复情绪创伤。最初，我们对孩子的事避而不谈，因为那无异于往伤口上撒盐。我们无法故作轻松，而大多数朋友也不知道该跟我们说什么。

当时，我们夫妻俩对自己的伤痛都自顾不暇，根本看不到亲朋好友的悲伤。他们也同样难过。我提醒自己——双方父母和别的亲友同样要表达他们的感受。我们身在悲伤中难以自拔，无法与那些与我们感同身受的人倾心交流，对那些安慰和支持我们的人也无心去表达感激。

我们俩有很多事要解决，然后才能向那些想要帮助我们的人敞开大门。在此，我要鼓励诸位父母，倘若你正在经历同样的境况，在做好准备之后，应该寻求他人的帮助。因为我们发现，与外界分享感受能使“伤愈”的过程轻松很多。

杜什卡是个极有爱心的人，有很强的母性，但在最初的几周时间里，她迟迟无法接受力克的身体障碍。孩子出生一两天了，她都不愿抱他。这一点，我起初颇感惊讶，但后来我才明白，妻子的反应并不足为奇。

看到杜什卡心烦意乱，医院的社工好心地向我们提议，如果我们俩认为无法养育力克，可以将他送给别人收养。

最初，在这件事上，杜什卡比我更积极一些。我们知道，这个决定将影响我们一辈子。

我不愿把儿子给别人，但我为妻子担心。她受过护士专业培训，如果连她都认为无法照料力克，我又怎能强迫她呢？我不知道她的忧烦是源自悲伤，是因为产后抑郁症，还是二者皆有。

正常情况下，产妇会在生下孩子数天后出院，并把孩子带回家中，而我们没有这样做。在护士和社工的安排下，杜什卡在医院多住了几天。他们还在杜什卡的病房里给我架了张床，如此一来，我们就能相互安慰，讨论解决办法。

医务人员认为，我们夫妻俩需要时间相处。他们与我们交流，但并不催促我们出院，也不让我们贸然做出决定。于是，我和杜什卡在医院里多住了几天，平复心绪，渐渐开始讨论接下来的生活。

我们没有应急计划，没有为不完美的孩子做任何准备。几天后，杜什卡平复了下来，身心也强壮了很多。她对我说，她想看看力克，抱一抱他。而我却不确定她是否真的做好了准备，她的情绪仍不稳定。我跟她谈了谈，我发现，她也心怀深深的愧疚，即便孕期里她不折不扣地遵循了各种保胎措施，但她仍为力克的残疾而自责。

起初，想劝慰杜什卡很难，因为我们俩都无法解释力克的情况，我们都是一肚子疑问。过了一段时间之后，医生才说，力克没有四肢，缘于在子宫内发育时发生了某种关键的基因突变。

冷言冷语的伤害

残障孩子的父母常说，他们被迫练就了一张厚脸皮。力克刚刚出生时，我就首次听到了扎心之语。此前，我一直把这个人当成知己。我曾与他并肩祈祷，与他分享个人的想法和感情。力克出生后，我原以为他会对我抱有同情之心，但他却对我说，我儿子的残疾，也许是上帝在惩罚我的罪孽。我听他这么说，惊得目瞪口呆。

说实话，我也曾有过这种想法，只是不知道自己到底犯了什么十恶不赦的大罪，竟给我无辜的儿子招来如此残忍的报应。朋友的话深深地刺痛了我，此后数天我都精神恍惚。他的刺耳之语令我觉得众叛亲离。

我深刻地反省，想看看他说的到底有没有道理。我们有过几次坦诚的交谈，最后他向我道歉了。我原谅了他，我想，其实他的本意一直是想表达他的关怀。尽管如此，他并不是最后一个针对我们儿子说出刺耳之语的人：有些人是善意的，有些则只是无心之过。这是我们在早期的一个痛心经历，也是其他特殊孩子的父母曾有的经历：虽然身为父母的人已经接受了现实，不再纠结于孩子的残障，开始向前看，但外人还大都做不到这些。

力克出生两天之后，我去保育室看他。我站在观察窗前，只见力克还跟上次一样，裹着毯子躺在那里，跟别的婴儿别无二致。这时，过来几个护士，她们把几个刚洗过澡的婴儿放进旁边的摇篮里，接着就抱起力克，准备给他检查身体、洗澡。她们微笑着对他温声细语，力克则施展卖萌大法。我听说，有人认为新生儿不会笑，那是因为他们没见过我们家力克吧！

几天时间以来，我的心首次因儿子而暖暖的，也首次体验到了身为人父的自豪。接着，护士们将力克放在保育室远端的一张桌子上做检查。她们把他的襁褓脱下，看到他的小身体时，表情都骤然而变，个个惊得瞪大双眼，抬手捂嘴。

我的心再次沉了下去，我从窗边走开了。我脚步未停，一直走出医院，一路上泪流满面。当天，我没有再去保育室。

携手面对，达成共识

我明白她们见到力克时为何会有如此反应，因为最初我和杜什卡也是一样。在力克出生之前，我们从未见过没有四肢的婴儿，或身子底端缀着两只未发育好的小脚的婴儿。首次见到如此另类的身体，惊诧是人的本能反应。

看到护士们的样子，我心中隐隐作痛，身为父亲的保护欲也油然而生。他是我的儿子，我要保护他免受残忍的对待——不论是有意的，还是无意的。同时，还有种感觉越来越强烈——尽管我对如何养育这样一个孩子知之甚少，但除了我，没有人愿意接受他、愿意当他的爸爸。

虽然我心意已决，但我跟杜什卡尚未就抚养力克一事做出决定，我们仍在消化眼前的现实。不过，力克这时得了尿路感染，医生要求继续住院治疗，所以，我们还有时间做决定。我和杜什卡把孩子托付给医生，就先回了家，仔细考虑今后的生活。

我们讨论了所有的担心和眼下的选择。幸运的是，我和杜什卡有着同样的文化背景、成长经历和宗教信仰。当然，我们也有意见不一或争吵的时候。我们当时承受着巨大的压力，很多个夜晚都辗转反侧、无法成眠。尽管如此，我们俩仍能做到倾心交流。

这必须是两个人共同的决定。我知道，我们必须达成共识，因为我们俩都无法独自养育力克。起初，有医务人员对我们说，力克的寿命可能不如正常人，但杜什卡对我说问题不大，如果他能得到恰当的关怀和支持，就更好办了。

权衡各种选择的过程中，杜什卡开始从悲伤中走了出来。我知道，妻子已经回到正常状态了——因为她较少言及养育力克的艰难，更多的是在寻找解决之道。她向医务人员说，我们需要见一些成功将残疾孩子融入家庭生活的父母。她想知道他们是如何适应现实的，他们借助了什么辅助器械，他们做了怎样的调整，他们如何帮助孩子应对日常生活。

对那些天生残疾的儿童的父母，专家常常建议他们向已有经验的父母寻求意见、建议，或加入由有同样境遇家庭组成的互助小组。这个办法在我们身上却行不通——我们找不到跟力克一样的孩子。不过至少，我们觉得别的父母可能早就发现了合适的假肢、轮椅或其他辅助器械，以让孩子实现一定程度上的自立。

倘若能找到与力克类似的、年长的孩子，那对我们就太有帮助了，甚至可以算是一个奇迹。如此一来，我们就能从其父母身上学习经验，学学他们如何使孩子的生活不那么艰难，看看他们想出了什么解决办法，打听一下他们找到了什么克服残疾的好路子。可事与愿违，这个奇迹并未发生在我们身上。

与其杞人忧天，不如活在当下

医务人员告诉我们，他们找不到与力克相似的病例。最为相似的，是澳大利亚萨力多胺中毒的受害者。这种药物最初用来缓解孕妇的妊娠反应，在发现副作用之后迅速被禁。

我们得到一位女士的联系方式。她住在墨尔本的北贝孔斯菲尔德区，有个四肢发育不良的女儿，当时5岁左右。我们前去拜访，想从她们身上学习经验，或许还能增加一些希望。女孩的四肢有一定长度，能使用标准的假肢，可是力克不适合这种方法。女孩的辅助用具中只有一个令我们眼前一亮。那是一个蘑菇形状的凳子，她坐在凳子上左右摇摆，就能在地面上自由移动了。

起初，我和杜什卡有些尴尬。我们觉得，从这对母女身上收获寥寥。与她们的交流获益不多，但观察她们的互动，令我们受益匪浅。很明显，这位母亲的人力、物力有限，女儿的身体障碍也很严重，但她们的爱和常态化的生活令我们惊叹不已。母女二人均未不堪重负、被压力击垮，她们竭力生活，毫无怨言。

我常常会想起那次拜访。在其影响下，我和杜什卡最终决定留下力克，不把他送人收养。在那次拜访之前，我一直很苦恼：我只看到力克今后艰难的生活，不敢想象我们如何养育一个没有四肢的孩子。而那个小女孩，尽管四肢严重畸形，但她积极而快乐，好像并未因身体障碍而负累。

那次拜访给我留下了深远的影响。我领悟到，与其为将来而忧心，不如接受力克的现状，一天天过下去。耶稣在登山宝训中如此讲道：“你们要先求他（天父）的国和他的义，这些东西都要加给你们了。所以，不要为明天忧虑，因为明天自有明天的忧虑，一天的难处一天当就够了。”

无独有偶，马克·吐温也曾说过：“杞人忧天无异于偿还未欠之债。”心头压着今后可能遇到的艰难困苦，每天的快乐都将被剥夺。是的，我们是得早做谋划，但更明智的做法是活在当下，在眼前寻找快乐。

我和杜什卡看到，那对母女正是活在当下，随遇而安。我们每回想起那次拜访，都深受感动和鼓舞。

后来，我们与双方父母及亲友深层讨论，最后达成一致意见：把力克带回家，尽心尽力地养育他。说实话，我从未想过别的选择。他是我们的骨肉。第二天，我们去了医院，与社工见面，将我们的决定告诉了她。我们如释重负。在此之前，我们曾反复思考、烦躁难安，一是为这个决定，二是为其他选择的可能结果。最终，我们下定了决心，敞开心扉接纳了力克，从而心下释然。

在那段时间里，我曾读到一段《圣经》经文，受到的启发很大。经文讲的是上帝派天使去见马利亚。天使对未婚的处女马利亚说，她将诞下一个男婴。马利亚问道：“这怎么可能呢？”天使答道：“上帝神力，凡事都能。”

我和杜什卡最初也像圣母马利亚一样，心有怀疑。接着，像圣母马利亚一样，我们认为——信仰会给我们支撑。在上帝的帮助下，我们能帮助这个孩子克服前路的艰苦，把他抚养长大。从此之后，我们就着眼于给力克提供所需的一切，将他培养成虔诚、自信、自立的人。我们义无反顾，从未后悔这个决定，对力克的爱也与日俱增。

温馨提示：

自知心中悲痛，并将其释放出来。

拿出时间平复情绪。

由于压力，在最初的一段时间里，你需要更多的休息时间。

在初期做决定时，要考虑得长远一些。

尽力从专家及有类似经验的父母那里获取意见和建议。

拿出时间去理解、调整、适应。

你要明白，与你亲近的人同样伤心。

你的生活将因此而改变，但只要随遇而安，就能过好每一天。

THREE

A New Normal

第三章

拥抱新的家庭生活

选择接受家人和朋友的帮助，积极应对新生活

力克出生前 1 周，有个朋友问我是否考虑过能否养育一个残障孩子。我不知道他为什么这么问，深为惊讶。

我当即回答："没有考虑过。"

不论他的问题还是我的回答，我都未太在意。几天之后，我直面现实——我得养育一个有严重身体障碍的孩子。直到这时，我才再次想起当初的回答。我的恐慌远超想象。在最初的绝望中，我甚至想起了《圣经》中所述的耶稣在客西马尼园祈祷的情景。他因为将要承担世人所犯的罪而被钉死在十字架上，满心恐惧。他祈祷道："我的父亲啊，如果有可能，让这杯离开我吧！"

上帝并未因为自己的儿子而更改计划，对我也是如此。我只得接受上帝的安排，并希望他能赐予我和杜什卡力量，顺利度过艰难困苦。我们永怀感激，因为上帝真的赐给了我们力量。并且，久而久之，上帝还让我们看到——他为力克安排了一条绝佳的人生之路。

寻找一切可以使用的积极力量

没有人知道自己的能力足以处理什么棘手之事，绝大多数人都低估了自己的能力。我们常常漏算了可用的资源，尤其是信仰、家人、朋友、集体的人力和物力。与力克小时候相比，今天，以残疾人为对象的社会服务机构和公益倡导组织要多很多。真希望我们那时也能有这么多援助机构。看到现在的父母能有这么多资源可用，我由衷地高兴。

我们真的发现，仅仅是把力克从医院接回家，我们的生活就大有不同。我们重拾平静。为特殊儿童家庭服务的心理治疗师和心理学家说，这往往是向家人、朋友、集体求助的结果。像很多父母一样，我和杜什卡慢慢接受了现实，本能地进入了一种新常态，重建生活的平衡。我们把注意力放在获取知识和寻求解决之道上面，寻求压力更小、更积极主动的生活环境。

接受现实并非易事，对我和妻子来说当然也是如此。多年以来，我们一直对力克解释，我们伤心的，不是他的出生，我们是为他生来就背负如此的重担而伤心。此外，我们还要处理各种各样的情绪，从负罪感到自叹能力有限，不一而足。诸多医疗信息、各种各样的选择，都令我们焦头烂额。更严重的是，我们当时对信仰、对上帝有了疑心。也就是说，当时我们最关键的力量之源是很薄弱的。

回到家之后，我们就从消极的被动反应转变为积极的主动应对。这一点是很有帮助的。后者包括一系列育婴常规，如喂食、换衣、洗浴，还要与专业医务人士及心理治疗师见面，学习如何养育力克。

其间最关键的一步，是避世阶段的终止，再次向亲友敞开大门。自力克出生以来，他们一直在耐心地等待机会向我们伸出援手、给予我们支持。

最初，我和杜什卡惶惶不知所措，只是把自己与外界隔绝开来。后来，我们常谈及当时的感受，那感觉就像困在了噩梦中无法醒来。社会学家和心理学家将这种迷失感称作“失范”，指的是因突如其来的变故而迷失方向、不知所措的感觉。力克出生时，我们就是这种典型情况。但在当时，我们没有相关的知识来开解自己。

于是，我们突然间陷入了一个陌生的世界。这个世界里的医生、心理治疗师、社工都说着其独有的术语和用语，还充满各种令人不快的会晤，或紧张，或迷惑且自相矛盾的对话。

我们整日不知所措，整夜不能成眠，脑子里全是亟待做出的抉择，而这些决定将影响我们一生。我们该拿这个孩子怎么办？我们该怎么做？

残障新生儿的父母的一个普遍现象就是他们不像正常孩子的父母那样，当即与新生儿建立情感纽带。有时候，这是难免的，因为残疾新生儿需要立即接受医治，甚至接受手术，接着就被送进特护病房。

力克出生之后，需要接受医生和专家的检查，而杜什卡当时心烦意乱，所以母子二人相处的时间有限。接着，力克又因尿路感染接受治疗。所以，即便当时我们有意，他也不能跟我们一起出院回家。结果，力克在医院一待就是 4 个星期。

把力克接回家之后，我们才得以自然而然地与他建立情感纽带，我们的压力也随之缓解。我们开始建立一种新常态——与我们独一无二、令人称奇的儿子开启新的家庭生活。

对危机中的父母，我的建议是：尽可能早、尽可能多地与孩子建立纽带，不要埋头逃避，不要考虑控制力范围之外的事。我能理解，心怀悲痛时很难与人交流，但亲友和知己能在你陷入低谷时与你同行，或许还会给你逆耳的忠言。就我和杜什卡来说，我们的亲朋好友向我们提供了明智的建议和急需的参考意见。

力克刚出生的那段时间里，我的父亲就像磐石一样沉稳。我心烦意乱，但他一直镇定而清醒。他不明白我为什么心绪烦乱，他还清清楚楚地告诉我们，寄养力克之事根本不许考虑。

他的观点是这样的：“你们怎么能谈论寄养的事？他是你

们的骨肉。养育他是你们的责任。你们能做到的。你们不行的话，还有我们。你们觉得无能为力的话，上帝会伸出援手的。”

我仍记得那段煎熬的日子里父亲的脸庞。他紧绷下巴，眼神坚定。父亲是个原则性很强的人，在困难面前尤其如此。他的虔诚不可动摇，他的品德无比高尚。他希望我能做正当的事，别无他想。他的信条是：人生本不是轻松之事，逆来顺受，迎头而上。

他用《圣经》中彼得的话来提醒我：“各位蒙爱的人哪，当火一样的考验临到你们中间，给你们试炼的时候，你们不要感到奇怪，好像发生了怪异的事。”父亲幼年丧父，家境贫困，经历的艰难困苦非我所能想象和理解，但他却坚毅过人。

父亲名叫弗拉基米尔·胡哲，这是个硬汉的名字。他是个勇士，却不是大家想象中的那种战士。他是个硬汉，却常常提醒我们，其实他的名字在塞尔维亚语中的意思是“和平至上”。这也许就是他的座右铭。“二战”期间，他在南斯拉夫应征入伍，作为医务兵被派往前线。他恪守基督教义，宣称自己是“拒服兵役者”[①]，所以他拒绝携带武器、拒绝杀戮。

---

① 拒服兵役者（Conscientious Objector，英文简称 CO）：通常指因种族或宗教信仰拒绝拿起武器服兵役的人，大都是和平主义信仰的追随者。拒服兵役者常常会被分配到医院、工厂、食堂等非战斗岗位，如果不服从安排就会被关进监狱。

身在战时，他的行为引来上司和战友的嘲笑和愤怒。他们刁难他，曾数次试图逼他破戒。

战场上，父亲被频繁调到不同的作战单位。他的职责是找回伤员进行救治。他迎着炮火，穿过枪林弹雨，但他从不还击。他每加入一个新的作战单位，总会有人对他心生怨恨，找碴儿挑衅。父亲说，有位军官曾对他说：“别人或许不能让你拿枪作战，但我能。如若不然，我就让你掘好坟墓，再把你就地枪毙。”

“那就枪毙我吧。”父亲如此答道，他不在信仰上有所妥协。

有一次，上司让他独自守卫军营，故意留下了上膛的枪械。他们执行任务回来，假扮敌军在防御带向自己的营地发起攻击。他们想逼父亲拿枪自卫。可即使面临生命威胁，父亲仍然恪守原则。他们称父亲是个懦夫，但恪守信仰和信念需要无比的勇气。

跳出眼前的困境，勇敢面对问题

当陷入困境、走投无路时，我们极易认为境况艰难无比。这时，后退一步，通观全局，压力就会变小一些。父亲从未给我讲过这个道理，他和一些与我们情况相同的人向我建议该如何养育力克。在那期间，我明白了这个道理。父亲的战时经历只是其艰难生活的一部分。除此之外，他还因基督信仰受到了迫害。有时候，他和母亲到秘密地点参加礼拜，倘若被人发现，他们就会被关进监狱。父亲 48 岁时，举家逃到了澳大利亚，在语言不通的情况下开始了新的生活。

母亲也是历尽艰苦。她名叫娜达，在塞尔维亚语中的意思是“希望”。她是个极好的倾听者，我跟她无话不谈，但她并非事事与我意见一致。她跟我父亲、跟杜什卡的父母一样，从一开始就认为我们应该承担责任，将力克带回家。她和父亲都不理解我和杜什卡的苦恼，在他们看来，孩子是天赐之物，我们理应接受他、养育他。

杜什卡的父母也是历经苦难的人，他们与我的父母意见相同。他们生活在南斯拉夫的农村，“二战”之后，国内遍地狼藉，医疗和社会服务非常有限，环境相当艰苦。其父母在杜什卡之前曾有过两个孩子，都不幸夭折，在杜什卡之后还有一个孩子，也夭折了。

他们举家逃亡，越过阿尔卑斯山，最终移民到了澳大利亚。这里的条件好了很多，但对他们而言仍然不轻松。他们深知生活之艰难，所以希望我们能勇挑重担。我的父母对我说，耶稣曾如此教导门徒：“如果有人想要来跟从我，他就当舍弃自己，背起自己的十字架，然后跟从我。”

两边的父母都说，我们必须全心全意地养育力克，将他当作生活的重心。我们尊重父母的意见。他们一眼就看出了养育力克的艰难，我们自愧不如。他们一生历尽艰难困苦，我们也应坚强面对。我和杜什卡明白了，如果父母能找到力量和勇气克服重重困难，那么我们也同样能克服困难，把力克抚养长大。

与孩子建立爱的纽带

对面临艰难困苦的人来说，心态是关键。多年来，我们见过、听说过很多其他父母的事迹，其孩子的身体障碍比力克要严重多了，他们的积极心态和爱心令我们深为震撼、自叹不如。我们得知，大多数特殊孩子的父母都找到了所需的精神和物质资源。

身背无情的重担，他们中的很多人都觉得不堪重负、身心疲惫、沮丧、害怕，但在其亲友及熟悉他们的人口中，他们英勇无比。他们大多数人都随遇而安。他们也许有软弱和疑惑的时候，但他们始终爱着孩子，每每都能绝处逢生。

深陷困境时，我们往往认为没有人能理解我们的感受。

然而，在面对力克的身体障碍问题时，我和杜什卡在每个阶段的反应，都与其他残疾或特殊孩子的父母在面对突如其来的困难时别无二致。他们也是经历了悲伤和疑虑，然后才接受现实的。在这之后，他们与孩子建立了真正的感情纽带。爱的纽带建立之后，压力随之减小。

我和杜什卡不再纠结于求而未得的孩子，接受了上帝赐予我们的这个孩子，心态也变得积极起来。每一天，我们都抱着他、看他笑、逗他玩儿，一天一个台阶，一家三口慢慢地凝聚在了一起，生活也有了样子。

决定把力克带回家的那一刻，我们其实就从黑暗中走出来了，走进了光明之地。我们当即感觉到对生活更有把握了。我们必须接受力克的残疾，在此之后，我们的任务就是用心养育他，把他的能力发挥出来。

我们必须接受上帝的安排，尽力而为，随遇而安。做到了这一点之后，我们发现，我们不再纠结于力克的种种“麻烦”，而是开始寻求解决方法，从而给他，也给我们创造尽量正常的生活。这其实很简单，从我们不再为将来担心的那一刻开始，我们的生活就稳定了下来。因为将来不是我们能控制的，我们只能一天天地过。

学会处理孩子的特殊需求

力克的身体与众不同，但其他方面与正常婴儿没有两样。我与杜什卡结婚 5 年了，力克是我们的第一个孩子，所以，我们跟正常婴儿的父母一样，有很多事情需要调整，外加一些特殊工作要做。在照料婴儿方面，杜什卡比我懂得多。我是个新手，是头一回用奶瓶喂奶、给孩子换尿布。她教我如何照料力克的基本需求，在此基础上，我们俩再一同学习如何处理一个没有四肢的孩子的特殊需求。

第一个需要做出的调整就是孩子的衣服。在力克出生之前，我们买了很多婴儿服。现在，杜什卡和力克的姥姥、奶奶化身裁缝，把所有婴儿服上的四肢部位缝了起来，只在较大的左脚处留了个开口。以上工作做完，力克的婴儿服像极了精神病院里给病人穿的紧身衣——在孩子调皮的时候，很多父母都希望有这样的衣服吧。

小力克似乎将这些“量身定做”的衣服视作挑战。随着他慢慢长大，他学会了爬行、蠕动，活动量大增，随之化身成了一个小“胡迪尼”①。我不知道他是怎样做到的，因为他只

① 哈里·胡迪尼（Harry Houdini，1874—1926）：匈牙利裔美国魔术师，享誉国际的脱逃艺术家，能不可思议地从绳索、脚镣及手铐中脱困。

会蠕动、挪蹭而已，但我们很难让他老老实实地把衣服穿在身上。

很久之后，我们才明白过来，这其实是他的本能反应——他没有四肢，所以身体缺少足够的散热面，很容易发烧。即便到了现在，只要远离了公众的视线，力克也是脱掉衬衫，以保持身体凉爽。

后来，我和杜什卡又有了两个孩子。那时，我们才发现，从某些方面来看，在孩子出生后的头几个月时间里，力克比他的弟弟、妹妹要容易照料得多。我们不必担心他用手指挠身子、踢被子，或在睡梦中因四肢抽搐而醒来。

我和杜什卡有很多经久不衰的笑话，说的是让力克光着屁股，就能在穿衣这件事上省下很多钱和时间。后来我们说，在鞋、袜、手套等物件上面，我们节省了好几百美元，而另两个孩子亚伦和米歇尔在衣物方面的花销就比力克多。长大后，力克常常拿这件事来取笑他们。

身为父母，想睡个好觉不容易

力克还是婴儿时，我们还有一件事是无须担心的。很多父母都抱怨说，他们常常因担心孩子不睡觉而半夜起来查看婴儿的情况。我们从不需要这样做，因为力克似乎夜里从不睡觉——我和杜什卡也是如此。

我们无须安装婴儿监视器，因为，只要力克不睡觉，他就大哭不止。其中并无什么特殊原因。他只是得了婴儿肠绞痛——这是种常见而可恶的小毛病，典型表现是烦躁不安、哭个不停。这种病没什么大不了的，当然，如果你喜欢睡觉，或需要通过睡眠来保持头脑清醒，那就另当别论了。

很多父母都知道，有肠绞痛的婴儿只知道哭，一哭就是好几个小时。好像没有人知道婴儿肠绞痛究竟是何原因引起的。它常常出现在两周到四个月大的婴儿身上，大多数情况下，其持续时间最多是三周。可我觉得力克闹了好几年才消停——好吧，有些夸张了——他的肠绞痛一个月左右就好了。我们睡眠严重不足，记不清时间长短了。

在那段日子里，力克一旦半夜醒来，就撕心裂肺地哭，直到累得睡过去为止。在他哭的时候，我和杜什卡就会把他抱起来，安慰他。有时候，他会消停一两分钟，但接着就再次号啕起来，就像汽车报警器一样无休无止。

我不知道有什么办法治疗婴儿肠绞痛。有些父母说，如果孩子喝的是婴儿配方奶粉，将其换成豆浆会好一点儿。我还知道，有的父母把孩子放进婴儿座椅，然后将其放在运转的烘干机上面，那种低频的振动有助于孩子睡眠。还有的父母说，他们会把哭闹的婴儿放进车里，然后开着车转圈，直到孩子睡去。我和杜什卡就这样做过很多次。

力克在他的一本书中曾提到过，我们有个朋友的孩子也是得了肠绞痛，他就给孩子戴上降噪耳机，再推着婴儿车，绕着餐桌一圈圈地转，直到孩子不再哭闹，沉沉睡去。那位父亲说，有些晚上，他比印第安纳波利斯 500 英里大奖赛的车手转的圈还多。①

为应对力克的肠绞痛和哭闹，我和杜什卡轮流照看他。我负责晚上，因为白天我要上班。杜什卡负责白天。我们俩就像两艘在无风的夜间航行的船，慢慢行，慢慢熬。

在那些被哭闹折磨的日子里，我睡眠不足，头脑昏沉。我不由得怀疑，力克的肠绞痛是否与缺少四肢有关。很明显，那时我的脑子并不是很清醒。我还担心，他之所以哭闹，是不是因为饿了。他似乎吃得不多。我不知该怎么安慰他，只是抱着他、喂他，可另一个问题随之而来。

别的父母对我们说，不能孩子一哭就抱起来，因为那样会让他形成依赖。他们说，抱孩子是可以的，但在大多数情

---

① 印第安纳波利斯 500 英里大奖赛：始于 1911 年，通常被称为印第 500 或 500 英里大奖赛，是一场由美国 IRL 举办的汽车运动大赛。于每年（美国）阵亡将士纪念日周末在印第安纳波利斯赛道举办，是与 F1 摩纳哥大奖赛和勒芒 24 小时耐力赛并列的世界三大汽车大奖赛之一。1 英里≈ 1.609 公里。

况下，应该让他哭到睡过去。然而，对第一次当父母的人来说，孩子又有残疾，这绝非易事。一听到孩子号啕大哭，即便我心知那是肠绞痛的缘故，可我还是禁不住胡思乱想。

几周的煎熬之后，杜什卡带着力克去看儿科医生。她对医生说，因为孩子哭闹不止，我们一家人都睡不好觉。医生认为力克的肠绞痛比较严重，就给开了滴剂，掺到力克喝的配方奶粉里。我不知道那是什么滴剂或草药，但在我看来，那就是神药，因为力克当天就消停下来了，我们安安稳稳地睡了个好觉。

多年之后，力克的第一个孩子也得了婴儿肠绞痛，他也被整得夜不能寐。在此我要声明，我从未觉得这是“大仇得报”。我怎么可能是那种记仇的父亲或祖父呢？我是给儿子提到过他曾让我们睡不好觉，但我是微笑着说的。

我要承认一点，尽管他那时整夜哭闹，但有一件事我是很满意的：自他出生以来，我终于有一个正常的育儿烦恼能跟其他父母诉苦交流了。真是太棒了！

对于力克的身体障碍所带来的困难，我们那些同样养育孩子的亲友最多只能表达他们的同情之心，但在孩子得肠绞痛这件事上，他们能分享的就太多了。

“你们也睡不好觉？当父母的命苦啊！”他们会如此说道。

适应新的日常生活

大家都寻求常态化的生活，都想有相同的经历。人的需求之一就是归属感，是成为集体的一分子。当初，我们因为生了一个残疾孩子而与世隔绝，这就是其原因之一。我们的生活失去了方向，因为我们原先期待的，是一个正常的孩子，继而过上正常的育儿生活。而一个没有四肢的孩子，把我们从这个共享的生活圈子里排除了。

倘若不是刻意追求刺激，那么，我们大多数人在面临挑战时往往会谨慎而害怕。我们如果被迫离开舒适地带，就会感到紧张和烦恼。在这种情况下，我们本能地会去寻找常态感。

对残疾新生儿的父母来说，就意味着需要通过建立新的舒适地带来重新定义家庭生活的常态。我和杜什卡当时常说的话是“我们只想回到当初的生活”或“我们想变回正常家庭”，话里的意思便是如此。

起初，我们常常怀疑，我们是否还能过上舒适的生活。然而，与儿子相处的时间越长，我们就越能适应新的生活。当时，我们身边有家人陪伴，他们早已做好接纳力克加入我们的大家庭的准备。这一点对我们的帮助极大。

杜什卡家里共有 9 个孩子，我有 5 个兄弟姐妹。除此之外，我们还有很多表亲及其他亲戚，教会里的人也像我们的家人一般。一个大集体都支持着我们，他们细心而周到，给我们时间做出调整。他们迫切地想要伸出援手，但一直都耐心地等着我们开口。

说起来也许有点儿奇怪，我们的生活发生了天翻地覆的变化，但我们惊讶地发现，我们的亲友依然如初。周遭世界并未像我们担心的那样发生改变。大家一直在陪伴着我们，他们迫切地想要为我们鼓劲儿、打气。我和杜什卡觉得，我们俩就像是在一个冰冷而无情的世界里迷失、彷徨了几个星期，接着走进温暖而舒适的家里。

起初，我不愿与人接触，因为我觉得没有人能理解我们的境况。我担心，我们夫妻俩不知该如何开口谈话，或者，力克那与众不同的身体会令人不愿抱他、逗他。后来我发现，大多数亲友都对我们感同身受，也热情地接纳力克，我的心情随之好转起来。看到亲朋好友抱着力克，对他宠爱有加，我深感抚慰和鼓舞。

肠绞痛好了之后，力克开始展现出他的迷人之处，大家都为他灿烂的笑脸和专注的样子倾倒了。他真的是个可爱的孩子。早在那时我就发现，尽管只是个婴儿，我们的儿子就已经能用其魅力赢得陌生人的好感。哪怕跟他相处很短一段时间，其四射的活力和迷人的性格也会令人忘记他没有四肢这件事。他喜欢有人抱他、逗他，也很善于表达。

力克的表亲、堂亲人数众多，有大约30个，其中大多数是男孩。他们一同长大，从很多方面来看，这都是一件好事。从婴儿到童年，再到现在，这些“坏”家伙一直接受他、爱他、戏弄他、折腾他（时常令我吓破胆），总是待他如一分子。

看到我们把孩子带回了家，每个家人都表示赞同，给我们鼓舞，同时松了一口气。他们纷纷表示，无论何时，无论我们需要怎样的援助，他们一定不遗余力。

回到亲友的怀抱中，有助于我们愈合伤口，凝聚成一家人。在把力克带回家之后，我和杜什卡能处理喂食、洗浴、穿衣等基本事务，但生活中有了其他爱着我们儿子的人，他们为我们提供了愈合情感所需的支持。

走出悲伤，更加坚强

亲友与力克亲密起来，我和杜什卡也越来越能接受他、越来越爱他。深夜或清晨，每当我独自沉思时，我总希望，当初若是能早一点儿接受他，要是能少一些痛苦，那该有多好。要是能早点儿明白——我们最终会找到力量，实现新常态，远离悲伤和压力，过上期盼已久的生活，那样的话，对我们的帮助就太大了。

孕期的女性情感脆弱，保持积极心态、心怀希望很重要。我想，社工、心理治疗师、医生等人不愿让孕期的父母有什么紧张想法，以防止他们心中惶惶或背负压力，这是可以理解的做法。在此期间，与孕期父母讨论“生下残疾孩子的可能性”是不合适的。尽管如此，我倒是希望当初我们能提前有所准备。或者，当初有人能直言不讳地跟我们说——事物总有两面，一个更有希望、更正常的生活正等待着我们。

行文至此，我并不想让大家误解，以为我们把力克带回家后就立刻不再担心他的将来了。即便力克的肠绞痛好了，晚上不再哭闹了，我们仍有些夜晚辗转难眠。但在那段日子里，我们稍稍轻松了一些，感觉更像正常的父母了。

把力克带回家，又经历了他哭闹的婴儿肠绞痛之后，我觉得心中充满了自信。与很多相同境遇的父母一样，我学会了迎难而上，在自觉软弱时依靠上帝之力。直到被逼到绝境、举步维艰时，我们才了解到自己在克服困难、坚韧不屈方面全部的能力。那时，也只有到了那时，我们才了解到自己全部的潜力。

带着谦卑和祈祷，我和杜什卡接受了养育力克的重任。这是我们最为明智的做法，因为情况之复杂已超出我们的理解。凡人总是有弱点的，所以，我们应该保持谦卑和虔诚。在《圣经》中信徒彼得的故事里就讲过这个道理。彼得自认为是耶稣最忠诚的信徒。耶稣行将被捕、受到迫害，其他人都否认认识他，对他避之唯恐不及，但彼得宣称要为耶稣抗争到死。

耶稣对彼得说，在鸡鸣之前，彼得将会三次否认认识他，彼得信誓旦旦地说这绝无可能。但正如耶稣预言的那样，彼得真的三次否认认识他。在生下一个没有四肢的孩子时，我和杜什卡崩溃了。我们原本满怀期待，本已准备好迎接“完美”新生儿的到来。我们像彼得一样满怀自信，觉得我们在信仰方面虔诚无比、毫不动摇。接着，力克降生了，没有四肢。我们犹如受了当头一棒，所有的快乐烟消云散。我们的信仰动摇了，生活成了一团乱麻。

我很惭愧，因为在力克出生数天之前，我曾向朋友承认——我无法胜任养育残障孩子的重任。话虽如此，但在很多方面我都觉得我很像彼得，因为我比自己预想的要软弱很多。我是教会的长老，曾传道说教，让大家相信上帝及其预示。身为教会长老，理应不仅布道，更要以身作则，向大家展示这些美德和品质，但大家忘了，教会长老也是人，也跟别人一样经历艰难困苦。后来，我明白了，这是上帝的安排，时刻提醒我——我的生活中是多么离不开他。

上帝说永远都不会遗弃我们，他在《圣经》中许诺，会永远给我们支持。我需要用心学习的是，要依靠上帝及其神力。我和杜什卡彼此依靠、依靠信仰、依靠家人、依靠伸出援手的亲朋好友。我们仍担心力克的将来，但我们要把注意力放在关怀他、养育他的每一天。

除此之外，我们还有一个强大的力量之源，在我们的人生历程中，他几乎每一天都令我们称奇。跟我们一样，很多特殊孩子的父母发现——他们最大的启迪其实正是来自孩子。在下一章里，我将向大家讲述力克是怎样成了我们的英雄的。

温馨提示：

不要孤立自己。

接受亲朋好友的支持。

尽快从被动变为主动。

建立生活新常态。

重拾“日常事务”，如工作、社交、休闲活动。

寻找互助小组、网上论坛及其他信息资源。

FOUR

Blessed Are His Children

第四章

他的子孙是有福的[①]

让孩子给你指引

① 出自《圣经·箴言》(20:7)："行为纯正的义人，他的子孙是有福的。"

力克 18 个月大时，我们一家到美国弗吉尼亚州参加教会夏令营。一周结束时，一个闷热的晚上，我和杜什卡吃过晚饭，带着力克回宿舍。路上，一个陌生人走上前来。

“你们打算什么时候摘下面具？”他开口问道。

“你这话什么意思？”我反问道。

他伸手指了指力克。因为天气太热，力克并没有穿外衣，只是裹了尿布。

“你们为什么要表现得若无其事？”他又问道。

显然，他因为我们没有掩盖力克的身体而感到窘迫。他似乎觉得，我们应为力克的身体而羞耻，而将他遮掩起来。

“我不知道你说的面具是什么，”我说道，“这就是我们本来的样子，你看到的就是真相。”

他摇着头走开了。我想，这个人问我们这些问题，并非有意粗鲁无礼。或许他此前从未与残障人士相处过，因为只要拿出时间与他们相处，就会有不一样的观点了。他们会教你忽略其身体障碍，看进他们的内心。

这个人的质问有些直率，甚至有些无礼，但后来，我真的很感激他。他提醒了我——从力克出生时算起，我对他的残疾接受了多少。回想起那段历程，我发现对我们影响最大的其实正是力克。是他教给我们如何接受他、爱他。我常常想起《圣经·马太福音》（18:2–6）那段话：

耶稣便叫一个小孩子来，使他站在他们当中，说："我实在告诉你们，你们若不回转，变成小孩子的样式，断不得进天国。所以，凡自己谦卑像这小孩子的，他在天国里就是最大的。凡为我的名接待一个像这小孩子的，就是接待我。"

力克教给我们的是，他不是个迟钝或无能的孩子。与之相反，他的身体障碍可以通过耐心、创新和爱的治愈力来克服。力克教我们如何接受他，他是我们最大的启迪和激励之源。

力克出生时，我们看到的只有他的残疾。他却让我们明白，没有四肢不会给他造成太大障碍。多年以来，我曾听到很多特殊孩子的父母提起，他们也忽略了孩子的身体障碍，而将其视作正常的个体。我们很快就能明白，孩子们也许有这样那样的身体障碍，但那只是他们很小的一部分特征。

孩子是父母的老师

耶稣 12 岁时，他们一家去耶路撒冷过逾越节。在返回拿撒勒时，他被马利亚、约瑟及亲人遗忘在了身后。据《圣经》记载，三天之后，他们才在庙宇中找到他，他“正坐在教师中间，一面听，一面问”。[①]

大家不禁会想，马利亚和约瑟怎么会将孩子弃之不顾长达三天之久？要是放在今天，他俩恐怕会因对孩子放任不管而被关进监狱，还要饱受舆论的批评。然而，《圣经》中却对他们没有任何批评之语。我们知道，凡是在庙宇中听过耶稣讲话的人，都会惊叹于其悟性之高、知识之深广。看到他们的儿子早已强烈地意识到自己在世间的目的，马利亚和约瑟惊讶无比。

很小的时候，力克就对我和杜什卡，以及每个与他接触的人有类似的影响。今天，人们常常对力克说，只消与他相处短短几分钟，他们就会被其性格所吸引，转而忘记了他的残疾。我和杜什卡对此深有体会。从力克婴儿时开始，我们就知道，要忽略他的身体障碍。他是一个充满活力和毅力的人，拒绝接受一个因缺少四肢而受限的人生。

---

① 《路加福音》（2:39–52）。

其实，我们养育力克的经历，与那些严重残疾儿童（如严重的精神损伤，或无法与人正常交流）的父母大有不同。我和杜什卡曾见过很多父母，他们的孩子患有唐氏综合征、自闭症或严重残疾，然而这些父母也说，他们与我们有相同的经历。

身为人父，我们常常希望将孩子（尤其是儿子）培养成心中所想的样子。可事实却是，在大多数情况下，是孩子让我们看清了他们真实的样子，教我们怎样毫无条件地爱他们。在教会夏令营的晚上质问我的那位男士，他并不知道，力克其实早已教会我们爱他、为他自豪，并因身为他的父母而心怀感激。

这是上天对我们的恩赐。我曾将这个道理分享给很多父母。几年前，我曾开导过一位父亲，他儿子跟力克一样，也没有四肢。这位父亲对我说，每当有人盯着他儿子看，或说三道四时，他就会感到烦恼。他为自己有这种感受而愧疚。

“我带他出去时，是不是该把他的身子遮起来？”他如此问我。

我明白，他是想保护儿子免受伤害，然而，就像我对他说的那样，我和杜什卡曾得出一个结论——遮掩力克的身体障碍很可能对他有害无益。我们不愿让力克以为我们因他尴尬或丢脸。我们知道，因为身体残疾，有一天他很可能将应对别人的排斥、欺凌和嘲讽。我们的目的是，顺其自然地养育他，让他克服没有四肢的局限，尽量像正常人一样生活。力克不会轻易被身体障碍吓倒，他鼓舞我们像他一样勇敢应对。

遗憾的是，并非所有的父母都能接受孩子的身体障碍。有些父母就撇下其残障的孩子、婚姻和责任，落荒而逃。若是父母一方或二人都弃之不顾，那么对孩子和家庭的影响是毁灭性的。我曾听到过类似的事例。有的父亲变成了工作狂，这样就不必在家里照料残障的孩子了；有的开始吸毒、酗酒，因为他们纠结于“为什么倒霉的人是我”，陷于悲伤、悔恨或无能为力感中不能自拔。

这是很可悲的。我不是评判他们，但恐怕他们将永不会从孩子身上得到那么多关于孩子，关于人生、勇气、无条件的爱的感悟。这样的父母钻进了牛角尖，觉得自己得成为“超级父母”——拥有孩子所需的所有解答、力量和希望。绝大多数父母其实没有那么了不起，也不必如此。我们只需尽力而为，心怀信仰，依靠亲友，用好所有能找到的支持和帮助，这就行了。我们要在孩子的引领下去感悟。

跟随力克的指引

关于“活在当下”，上帝给我们讲过宝贵的道理。在《圣经》中，他如此说道：“你们哪一个能用思虑使寿数多加一刻呢……所以，不要为明天忧虑，因为明天自有明天的忧虑，一天的难处一天当就够了。”

这是我们要学的首个道理。最初，我们原以为养育残障孩子将艰辛劳苦，日日不得安宁，可事实并非如此。其原因大部分源自力克本身。他勇往直前的精神每每出乎我们的意料。与他相处的这些年，我们对人的价值有了更深的理解，对生命之福、生活中展现的上帝神力也越发感激。

我和杜什卡努力给力克打造最好的人生，但我们并非孤军奋战，力克也迫切地想做力所能及之事。医学专家、心理学家、心理治疗师曾就力克的需求给过我们建议，但说实话，力克才是我们最大的信心和鼓舞之源。几乎在他成长的每一个阶段，他都比我和杜什卡想象的更加自立。久而久之，我们也不再去想他能做什么、不能做什么了，并且跟他一起抵制外界对他的成见。

残障儿童的个性化与正常孩子并无二致。他们从我们身上学到很多，也能教会我们很多，比如他们的需求、潜力、克服困难的能力、坚强的精神……残障儿童的确会受到这样那样的限制，但他们中的很多人，其发展真的出人意料。

新的生活安定下来，我和杜什卡逐渐发现，家里存在两种截然不同的观点：一方面，我和杜什卡总是围着力克团团转，为他担惊受怕，怕他生病、饿、伤着自己，或被别人伤到；而另一方面，婴儿力克对其提心吊胆的“直升机父母”[①]毫不知情。他整天笑容满面，快乐无比，活力四射，似乎对缺少四肢的事丝毫不以为意。

后来，我们才渐渐明白，因为力克生来就没有四肢，所以，他并不像后天致残的人一样“怀念”有四肢的生活。他像这个成长阶段的婴儿一样，很少动弹，需要大人为他洗澡、喂食。我们照顾他的一切，与正常父母对待其新生儿没有多少不同。这一时期，我们感觉就像正常父母一样，并借机了解力克的性格，与他加强感情纽带。

杜什卡了解婴儿成长各个阶段的情况，比如，3 ~ 9 个月大时，大多数婴儿已有力气趴着抬头，能翻身，能坐，能爬。其成长有快有慢，但 1 周岁之前都能做到以上几件事。

我们不知道力克会是怎样的情况。约 3 个月大时，他能仰卧抬头了（他的脖子似乎很强壮），但我们不知道随后的几

① “直升机父母”：目前国际上流行的一个新词语，形容父母像直升机一样盘旋在孩子的上空，在生活、学习、安全等方面时时刻刻关注孩子的一举一动。

种情况将会如何，因为他没有四肢，而四肢是翻身和爬行的关键。

我们很担心。杜什卡知道，爬行是孩子成长的一个重要里程碑，比蠕动有更重要的意义。爬行能刺激大脑发育，并使其做好学习的准备。在爬行时，孩子能学会控制方向。通常情况下，儿科医生会通过婴儿的爬行情况来评估其手眼协调能力，而后者是读、写、抓、拾等一切的关键。此外，爬行对婴儿的视力发育也很关键，因为婴儿在爬行时的视线将不再只是注视前方，还会低头看手和眼前的爬行路线。

学会“独立”的力克

在我看来，这些早期的里程碑其实就是一种检验，看看力克如何对没有四肢做出补救。我们不知道他是否有所需的智力、适应性、力量、毅力，以开发出自己的行走方式。我仍是担心，力克可能终生在床上度过。医生曾告诉我们早做好心理准备，在常规的 4 ～ 8 个月成长阶段中，力克可能不会翻身、不会坐、不会爬行。然而，力克不是那种懒洋洋的孩子，他极有活力，常常四处蠕动。几个月大时，有时候我们来到婴儿床前，发现他已经换了姿势。我们觉得，力克可能不愿意一辈子躺在床上。此后，每次发现他有移动的迹象，我们都激动不已。

我们发现，即使医生说“没有办法”，我们的儿子也“自有其办法”。每次把他抱直身子，我们都觉得这个小家伙其实很强壮。他会蠕动着身子，让我们看他其实能掌握好平衡，可以完成坐姿。他对此颇为自得，而我们则是热烈鼓掌以示高兴。

与正常孩子相比，力克的成长慢了一些，但在他学会翻身之后，就一发而不可收拾了。我第一次看到他在婴儿床里由仰卧变为侧卧时，他已近 1 岁。此前，他已能做到俯身时转头。有一天，我发现他用较大的那只脚做杠杆，蹬着褥子，身子前后蠕动。几次失败后，他终于完成了侧卧动作。看到这一幕，我激动不已，很受鼓舞并感到安慰。

相信孩子自己能找到办法

看到力克不满足于平躺的状态，我们很激动。而看到儿子如此有活力、有创造力，能找到自己的活动方式，我们甚是欣慰。后来，他以较大的那只脚为支撑，在瓷砖地板上转来转去，我们都被逗乐了。那时，我们才首次意识到，他的这只脚能有很多用途。我们把玩具放到婴儿床里，他就用这只脚去玩。有些玩具在滚动时会发声或奏乐，力克很快就学会了怎么玩。他用这只脚来弥补四肢的缺失，很快就掌握了这些玩具的用法。他用这只脚拨弄着玩具，听着玩具发出的声音，看着它们滚来滚去，为自己的成就颇感高兴。有几个玩具身上有各种形状的孔洞，他会把脚伸进去，将玩具挑起来摇晃，并将其向四处抛。

他似乎很喜欢玩具那明亮的颜色和动听的乐声。我和杜什卡意识到，力克迫切地向我们展示——他和我们一样，都想探索他身上的能力。他渐增的活力、机敏，以及咿呀学语，都令我们振奋。这一切似乎表明了，他的心智并无问题。事实上，这个小家伙非常聪明。

有些医生曾就力克的成长发育做出消极预测，我真希望他们能看看婴儿力克在没有四肢的情况下学会移动的样子。看着孩子平躺在地板上，接着前额抵着地毯，弓腰，下半身前收，慢慢直起身来，我和杜什卡感到激动、振奋而鼓舞。后来，力克又想出了新的方法——他用前额抵着沙发或墙也能完成起身的动作了。我们绝无可能想出这些办法，全是他自己摸索出来的。

起初，我们并未发觉，但我们对力克的态度改变了。我们对他的成就越发自豪，已成为他最热情的啦啦队了。我们仍在保护他、给他指引，但我们同样发现，儿子教给我们很多。这都是关注点转移所带来的变化——我们不再纠结于他的身体障碍和局限，不再纠结于他做不到的事情，而是惊叹于他的种种成就。大多数父母都有类似的经历。最近，我看到犹他州的一位父亲为他身患唐氏综合征的幼子拍的照片，才又想起我们当初的情况。这位父亲名叫阿兰·劳伦斯，他创办了一个博客（www.thatdadblog.com），来记录和分享他第五个儿子威尔的成长经历。

劳伦斯直言不讳地说，在威尔被诊断出患了唐氏综合征时，他是既害怕又失落。他说，他当时唯一的念头就是——威尔将会耗尽家里的人力、物力，成为他们一辈子的累赘。起初，他觉得很丢脸，不愿让亲朋好友看孩子的照片。

后来，小威尔向父亲展示了唐氏综合征并非他的全部。蹒跚学步时，阳光而可爱的小威尔就赢得了全家人的宠爱。他们不再觉得威尔是个累赘，不再觉得丢脸，一家人的精神都振奋起来，为威尔感到自豪。

威尔这个活泼、好动的小家伙，躺在地板上或四处爬行时，常常做出滑稽、可爱的动作，如舞动四肢仿佛超级英雄一样飞行，逗乐了他的父母和哥哥、姐姐。为记录威尔朝气蓬勃的精神状态，劳伦斯开始给威尔拍照，呈现出他们一家骑自行车、远足、探索自然时以及日常生活里威尔在家人头顶“翱翔”的样子。

劳伦斯是位布景设计师。起初，他只是将这些暖心的照片发布在博客上面。随后，引来积极反响，被世界各地的新闻媒体争相转载。威尔的生活照得到广泛传播，劳伦斯深受鼓舞。他随之拍摄、发布了更多照片，并配以大事记，以增进人们对唐氏综合征的了解，为威尔这样的孩子博取同情。“我希望那些有相同情况的、刚刚开始这段历程的父母……能比我当初有更积极的心态。”劳伦斯在一次采访中如此说道。

阿兰·劳伦斯肯定会像我一样，发现特殊的孩子一生中不断以其潜能给我们惊喜。D. L. 休利就是如此。休利是位著名的喜剧演员、电视情景喜剧明星。他的儿子名叫凯尔，患有阿斯伯格综合征[①]。现在，凯尔已近30岁，仍不断令其父亲称奇不已。休利在参加《奥普拉：他们现在在哪里？》节目时，就谈到了一次经历。

休利说，凯尔拿到了大学学位，却仍然谨小慎微，不愿尝试新事物。有一天，他们驾车出门，休利把车停在加油站

---

① 阿斯伯格综合征（Asperger's Syndrome，英文缩写为AS）：与孤独症同属于孤独症谱系障碍（ASD）或广泛性发育障碍（PDD），但又不同于孤独症，与孤独症的区别在于此病没有明显的语言和智力障碍。典型表现为：人际交往困难，语言交流困难，能领会幽默、隐喻、双关意义的语句，行为模式刻板仪式化，兴趣爱好局限，运动技能较差。

准备加油。这时，凯尔竟自告奋勇下去加油。休利很是吃惊。

这是很反常的，因为凯尔极少自告奋勇去做某件新鲜事。所以，当凯尔下车走向加油机时，休利“紧张得不得了”。不一会儿，凯尔回来了，高兴地将收据和车钥匙递给休利。休利顿时失声哭了起来。在节目上，休利对奥普拉说，他哭，是因为凯尔做了一件他一直害怕而不敢做的事。“我真不敢相信，他竟然做到了。他做到了。我抱着他说：‘你会好起来的。’”他说。

超出预期

我和杜什卡也有类似的经历，绝大多数特殊孩子的父母也有类似的经历。很早的时候，我们就意识到，最好不要想当然地认为他能做什么，不能做什么，或给他加上这样那样的局限。一次又一次，力克不仅证明了我们是错的，还不断地令我们惊讶不已。

2015 年春，力克在 Facebook 上发布了一段视频，从多个方面完整地阐述了这个道理：第一，力克生来没有四肢，我们从未想过他能独自移动；第二，我们原以为他极不可能结婚；第三，我们原以为他不可能有孩子。

这段洋溢着喜悦的视频，证明了我和杜什卡的预想是大错特错的。视频很短，开始时，力克乐颠颠地跑了过来，后面紧跟着他的儿子清志，清志咯咯地笑着，追上力克，抱着他亲了一下，然后继续他们父子的捉迷藏游戏。过程很简单，但是，力克出生时我们对他的将来不抱多大希望。考虑到这一点，这段视频就尤为打动人心、令人感动。

力克出生时，我们曾陷入绝望，但他证明了，能有他这样一个儿子是我们莫大的福分。这段视频，只是力克拍摄的数百个激动人心的视频之一。这些视频均证明了，我们为残障或特殊孩子加上限制是多么愚蠢的事。顺便说一下，这段视频发布后的短短几个小时里，全世界的点击量就达到了 150 万次。

没有四肢，也能奔跑

力克还是婴儿时，看到他能翻身、能坐、能直立，虽然比正常孩子慢几个月，但我们仍然很高兴。我和杜什卡原本满心疑虑，不知我们没有腿的孩子是否能独自移动。所以，大家能想象得到，当看到力克在家里四处移动时，我们是多么惊讶。起初，我们毫无头绪，不知道他是怎么做到的。经过观察我们发现，他是用较大的那只脚支撑着身体，然后扭动胯部，向前移动。若是慢一些，你能察觉到他是在向前跃动。若是他走得快，那就像飞奔一样了。

力克总是会谈到他的一个梦想，那就是全速跑一段距离。他还说，要是有一天能做到这件事，他会无比快乐。每次他说这些话，总会触动我的心。事实上，他可以在短距离内独自飞奔，他的弟弟、妹妹、表亲和堂亲都能证明。小时候，孩子们在客厅里你追我赶地踢足球，在这样一个狭小的空间里，力克的运动能力与他们不相上下。

我和杜什卡对力克的移动能力和毅力甚是欣慰，但多少有些担心，怕他会伤到自己或被玩伴伤到。力克在玩耍时过于争强好胜，别的孩子都会忘掉他是很容易受伤害的。他要是摔倒了，没有胳膊的保护，很可能会磕到地面或家具上面。有时候，我挺担心的，总是提醒力克及他的小伙伴们动作不要太大，要小心一点儿。当然，他们对我的担心毫不放在心上。力克总是说："放心吧，爸，我不会摔断胳膊腿儿的！"的确，尽管他摔过几次，但他平安地度过了童年时代，没有受什么大伤。

成年之后，力克常常谈到他大胆的壮举，如冲浪、跳伞、滑雪等。他还有些恶作剧是众人熟知的，那就是他让朋友和护理人员把他抱上飞机的隔舱里，吓唬别的乘客，或是把他放在行李传送带上，搞恶作剧。其实，他做这类事并非成年之后才开始的，他从小就是个大胆不羁的人。

小时候，力克最喜欢的一种消遣方式，就是躺在滑板上，滑板由弟弟或其他玩伴骑自行车拖着，在附近的街道上来回游走。很多年之后，我才知道，有时候，小伙伴们会把力克架在车把上，整天骑车载着他到处跑。还好我当时不知情，不然又要担心死了。

开诚布公，是最难的一堂必修课

在童年的大多数时间里，力克都是积极乐观、无拘无束的。他是周围每个人的快乐源泉。但是，如果你熟悉力克的人生经历，你就会知道，他在童年时，甚至到了成年阶段，都偶尔会有消沉、绝望的时候。这是残障人士尤其需要关注的地方。但是说实话，在力克第一次陷入消沉时，我和杜什卡竟然毫不知情。

力克是个很风趣的人，尽管如此，他也有严肃和沉思的一面。甚至在小时候，他有时候会跟我们谈论一些很成熟、很有深度的问题，这令我们非常惊讶。大约在八九岁时，他第一次问到为什么他没有四肢，是什么原因导致四肢没有长出来，为什么上帝把他造成这样，以及我们第一次见到他的样子时是什么感受。

杜什卡早就知道，这些问题早晚会来。我们也早已决定，要对他开诚布公，因为我们认为，诚实和透明的亲子关系是真诚、真爱的关键。孩子非常敏感，即便我们认为他们年龄还小、不懂大人的世界，他们也能明白家人的动机和说辞。我们知道，力克总有一天会得知我们在他出生时的情感波动，所以我们决定老老实实地告诉他来龙去脉。我们努力保护他的心灵，保证他受到我们的爱和珍视。

我们的方法是委婉地告诉他真相，尽管最初我们因为他的残疾而悲伤、害怕，但很快我们就爱他了。杜什卡还跟他说，我们曾一度考虑弃养他，但那仅仅是因为我们不知道自己有没有能力，有没有人力、物力，以及知识，来养育一个没有四肢的孩子。

最初，听到我们阐述他出生时我们的担忧时，力克很难过，但我们向他做了详细的解释。我们觉得，即使他不能立即明白，等长大了也能理解。我们总是在强调有多么爱他、多么为他骄傲。虽然如此，但是在那次倾心交流后不久，我们就开始为他的内心的想法和情绪状态担心起来。

有一天晚上，两个男孩子都上床睡觉了。不一会儿，力克的弟弟亚伦就穿着睡衣来找我。他有些不安，他说力克刚跟他说了件事，他很害怕。“爸，你最好去跟力克谈谈。他刚才跟我说，他打算在 21 岁时自杀。”亚伦如此说道。

晚上，身心疲惫的时候，力克常常会变得消沉，并有深刻的思考，但我从未听过如此可怕的念头。我忧心忡忡地快步来到孩子们的卧室里，坐在力克床边，抚摸着他浓密的金发，问他在想什么。

随后，力克开始问一些父母担心、害怕的假设问题。

“如果你和妈妈出了什么事，那时谁来照顾我？”

“要是我找不到工作怎么办？你们去世以后，我怎么生活？”

“你觉得我可能结婚生子吗？”

对任何父母来说，这些情感问题都是很难回答的。我温柔地与力克谈论他的担心和疑惑，希望我能有一根魔杖，驱散这恼人的担忧。我的宽慰有了效果，力克终于坦白，说他有轻生的念头。

“我曾想过，要是我自杀了，你和妈妈、亚伦、米歇尔就能过上正常的生活了。那天，我站在厨房的操作台上，就想一头跳下去，可又担心操作台不够高，摔不死。”力克含着泪水说道，“一想到我会是你和妈妈、亚伦、米歇尔一辈子的累赘，我就受不了。”

天啊！我大吃一惊，赶紧控制自己的情绪，转而去安慰他。我竭尽所能让他放心。我把他紧紧地抱在怀里，对他说，即使有一天我和他妈妈不在人世了，只要他需要帮助，他的家人、亲戚、朋友也会帮助和支持他。

“力克，爱你的人有很多。更重要的是，还有上帝，他是最爱你的。只要你把他放在心里，他就会赐予你需要的一切。”我如此说道。

我对他说，我们爱他、时刻牵挂着他。那天晚上，我费尽口舌让他明白，我们在他出生时的担心和害怕很快就变成了对他的深爱。还有，我们相信他会有一个美好的未来。经过此番谈话，力克似乎放宽了心。我又跟他说好，让他一有心事就来找我谈。

尽管如此，当天晚上我还是辗转难眠，此后几个晚上都是如此。我和杜什卡讨论了很多办法，以使力克坚强起来，不再萌发轻生的念头。在随后的几个月时间里，我们密切地关注着力克的情况，还每晚都给他拥抱和宽慰。

关心孩子的负面情绪

那天晚上，力克向我们吐露了轻生的念头。而当时我们尚不知道，他其实早就试图自杀过。他一直瞒着我们，直到十多年之后，在写《人生不设限》那本书时，他才将其告诉了我们。在书中，他透露了那次试图自杀的经历，以作为对年轻人的警示。自杀已成为严重的社会问题，青少年尤甚。力克觉得他有责任现身说法。他的初衷是，生命是上天恩赐的，我们应当时常对美好的明天抱有希望。他的人生经历就是绝佳的例子。上帝的安排总是超出我们的想象。

在写那本书的过程中，以防我们措手不及，力克首次将其告诉了我们。在他向我们阐述时，我们大为震惊——就在他向我们吐露轻生念头之前的那天下午，他曾数次试过在浴缸中淹死自己。

我们怎么会毫不知情？在他需要我们的时候，我们在哪里？

力克将那次可怕的经过详细地告诉了我们。几年前，他开始感到不安和绝望。多年以来，他每晚都在祈祷，希望上帝能赐给他四肢。他怎么也想不明白，慈爱的上帝怎么会剥夺他的四肢，使他怀疑自己的信仰和自身的价值。

大概就是在那一时期，力克在学校里首次受人欺负，被人恶语相向。他努力适应环境，能很大程度上做得跟正常孩子一样，但他始终无法摆脱这样的念头：他永远都无法参加体育比赛，无法牵女友的手，无法把孩子抱在怀中。

他对将来的恐惧越发强烈，害怕自己成年后没有能力养活自己，不知道自己能否娶妻生子。与他同龄的男孩已经开始交女朋友了，而力克却害怕没有女孩会喜欢他，因为他没有四肢。力克对我们说，他害怕一辈子都是我们的累赘。

消极的念头一浪接着一浪，不断地折磨着他，避之不及，挥之不去。他总是禁不住想：如果他从厨房的操作台上跳下去，很可能会摔死，那就一了百了了。一想到儿子曾有如此可怕的念头，而我们却毫不知情，我就不寒而栗。

及时疏导消极念头

力克后来跟我们说，他曾试图摆脱轻生的念头，可它总是阴魂不散。他脑子里有个念头挥之不去——他应该结束自己的生命，别再活下去了。于是，他打算在浴缸中淹死自己。当天，他像往常一样让我帮他把浴缸放满水，假装是要洗个澡冷静一下。我一离开浴室，他就浸到水底，一连数次。

他没做成，真是谢天谢地。在此期间，他脑海中始终浮现着父母和弟弟、妹妹在他死后悲伤的样子。他知道，他若自杀了，我们将终生不得安心。最后，他想明白了，他不能这样对待他的亲人。

大家能想象得到，即便只是写下这段经历，对我而言也是扎心之举。一想到我们差点儿就失去力克了，我就心有余悸。我们无法想象没有力克的生活会是什么样子。尚是孩子的力克竟然想过自杀，我们很长时间都满怀愧疚。在跟他谈论那次险些酿成的悲剧时，我们得知，他的轻生念头没有真正落实的原因是他做出了正确的选择：他知道我们都爱他，若是失去了他，我们的余生将难以心安。

力克对我们说，他对我们的爱和关怀要远超他心中的绝望。回想起来，我认为，力克之所以要告诉亚伦他的轻生念头，是因为他知道弟弟会来找我们。我想，力克想让我们知道他的想法，他希望我们能帮他、开导他。

在这一点上，我们觉得万分庆幸。然而，力克在如此小的年纪就如此消沉，这令我们无法释怀。虽然他鼓舞了全世界无数人，但我们再也不敢想当然地以为了解他的心理负担了。从那以后，力克又经历过数次消沉，刚刚成年时也有。大多数的发作原因，是满世界奔波的疲惫、失恋后的伤心和寂寞，或工作和经济压力。力克总喜欢背上很多担子，因为他太相信自己和上帝的能力了。我们总是劝他多拿出点儿时间陪陪家人，因为这让他最为平和、快乐。

父母或许以为自己了解孩子及其内心，但我们从力克身上得到的教训是：有严重身体障碍的孩子，其情感非常隐蔽而复杂。从力克轻生这件事上，我们总结出以下经验：

作为父母，要经常与孩子交流、主动与其接触，以了解其情感状况。这一点很重要。常言说得好，哪怕孩子说的是鸡毛蒜皮的小事，父母也要耐心聆听。如此一来，他们在真遇到心结时才会来找你。

不论我们自认为多么了解孩子，他们的内心都一定有我们无法察觉和理解的隐秘角落。作为父母，应及时察觉危险信号，对孩子的消极迹象保持警惕，随时准备寻求专业人士的指导。

孩子若是对将来感到害怕或绝望，我们绝不可掉以轻心。孩子若是提到这件事，哪怕是以开玩笑的口吻，那也是在寻求你的关注。这是一个危险信号，表明他在情感上有问题需要解决。

专家说，对大多数残障人士来说，自杀的念头更多是源自欺凌、社会排斥，以及担心成为亲人的累赘，而不是因为身体障碍。美国自杀学协会（American Association of Suicidology）研究表明，有阅读障碍的青少年比正常人更容易有轻生的想法，并将其付诸实施。美国宾夕法尼亚大学的研究人员发现，自闭症儿童有轻生念头和自杀行为的概率是正常儿童的 29 倍。

我从力克轻生这件事上学到一个教训：不论你自认为与孩子有多么亲近，不论你自认为与孩子的交流有多么好，消极的念头总是防不胜防，难以完全遏制。当时，我和杜什卡觉得已是竭尽所能来保护力克了，时刻关注他的情感和行为，可他还是出了这档子事。这是因为，孩子们即使正处于消沉时期，他们仍能表现得很快乐、很幸福。

时刻警惕沮丧和绝望带来的威胁

沮丧和绝望会愈演愈烈，倘若不能将其化解，它们进而会改变我们的观念，让我们觉得人生没有价值和意义。孩子与大人一样容易消沉，可能比大人尤甚，因为他们不知道该向谁寻求帮助。所以，父母应时刻保持警惕，留意各种迹象。比如：情绪变化、饮食习惯变化、与家人和朋友疏远，以及其他反常行为。

今天，力克已是全世界强烈反对青少年自杀的人物之一。美国、欧洲、亚洲的教育界和政府纷纷邀请他为本地的青少年演讲，希望力克能给予他们希望和鼓舞。成千上万的人曾给他反馈，说他的演讲和视频帮助他们摆脱了自残的念头。

力克的那次经历是对我们所有人的警示，尤其是特殊孩子的父母。沮丧和绝望是潜在的威胁，我们不知道它们何时会发作，使我们所爱之人做出傻事，但我们可以时刻让孩子明白——他们是有人爱、有人欣赏的。

有位牧师讲过一个故事：在礼拜会上有一个女人向牧师抱怨，说丈夫不爱她。每次见到牧师，她都说丈夫对她缺少关注。终于，牧师将其丈夫叫来开导他。

“你妻子说她很忧心，说你好像不爱她了。”牧师说道。

丈夫答道：“结婚那天，我就说过爱她。要是我不爱她了，我会告诉她的。”

这种处理方式在夫妻之间是行不通的，在亲子之间也是如此。你努力工作，为他们做这做那，但这并不意味着亲人知道你的感情之深，也不意味着无须向他们表达。他们需要我们的拥抱和亲吻，也需要我们的关注和拿出时间相伴。

拿出时间多陪陪孩子，这是你能给孩子最好的礼物。跟孩子说说话，让他们知道，他们可以信任你、能对你畅所欲言。保持亲密，敞开心扉，耐心倾听他们的需求，理解他们的观点。让孩子向我们坦陈内心和需求，如此一来，亲子关系会越来越亲密。

温馨提示：

你要明白，孩子是个复杂的个体，不要被其残疾或成见而掩盖，不见其他。

让孩子展示其本色，让孩子教你如何看到其内心，让孩子教你“无条件的爱”的意义。

注意力要放在孩子能做什么上，而不是不能做什么上，让孩子自定步调，鼓舞他，支持他。

时刻与孩子保持交流，始终让孩子明白，他有人爱、有人珍视。即使孩子说一切都好，也不要掉以轻心。

时刻关注孩子的情绪，与其老师保持联系，在青春期前后尤其如此。

FIVE

The Medical Maze

第五章

医疗迷宫

做孩子身边最好的“医生”

我的侄子内特·波利亚克是澳大利亚的注册护士。在培训期间，他因表弟力克而惹上了麻烦。在一节课上，老师给学生讲解如何给病人量血压。讲完后，老师问大家有没有疑问。内特想起了力克，就开口问道："如果病人没有胳膊怎么办？"

"那就量大腿。"老师答道。

"要是病人也没有腿怎么办？"内特又问道。

"你鬼点子挺多啊，出去。"老师说道。

就这样，内特被赶出了教室。内特是个爱搞怪的人，可这次他不得不连珠炮般向老师解释：他问这些问题，不是搞怪，是因为他的表弟力克没有四肢。

父母们经常开玩笑说，真希望孩子出生时随身附带一份说明书。而在我们看来，这可不是玩笑，在医疗方面尤其如此。我们根本不知道如何养育没有四肢的孩子，而我们见过的绝大多数医生也是毫无头绪。哪怕是采血样这样简单的程序，也因病人没有四肢而变得复杂和危险。

力克每次采血样时，都会引发热烈的讨论。有的护士会从他的脚趾上抽血，有的则选在他的脖动脉（非常危险）。杜什卡有时会变得非常强势，还会搬出其“注册护士”的名头来，因为她觉得护理人员在照料力克方面有些时候不够科学、严谨。

力克的身体并不像诊室或手术室里的病人那样，有正常的“冷却系统”。正常人身体热量很大一部分是通过四肢散发的，而力克只有躯干，体表面积太少，所以他的体温会在短时间内狂升，这很危险。而医生和护士很少会将这个因素考虑在内。

在力克学会说话之前，这是个很严重的问题。护士往往会把婴儿裹在襁褓里面，以使其感到温暖、舒适。但力克跟襁褓很不合，一旦裹起来，他就会因体温升高而浑身赤红，生痱子也是司空见惯的事。

在医生、护士诊治力克时，杜什卡时刻保持警惕，不断地提醒他们——千万别给孩子盖被子、裹毯子，或把他放在强光下，那样会把他热死。他的“自烤”倾向也成了家里的笑料，大家常打趣他说：“力克觉得冷的时候，河里的鸭子都要冻死了。”

家长的主心骨作用

人们常说，“笑能解愁”，能笑真是一件幸事。残障或特殊孩子的父母都知道，医疗费心、费力又费钱，烦心事很多。这些孩子需要先进而特殊的医疗，要比正常孩子在医院、急诊室、诊所、心理诊所等地待的时间长很多。此外，他们往往需要全职或兼职护理人员的照料，还要花费巨资购买医疗器械，如定制的轮椅、假肢和床，无障碍坡道，电梯，以及特制浴缸、喷头等。

心理学家说，为使残障孩子的家庭多少能过上常态的生活，关键是找到有效又负担得起的医疗手段。很多特殊家庭（包括我们在内）就至少搬过一次家，有的是数次搬家，为的是给孩子找到最好的医生、医院、诊所、治疗方案。

小时候，力克时常会发烧、生痱子、尿路感染、患上呼吸道疾病。杜什卡认为墨尔本多雨多变的气候可能是原因所在。力克 10 岁左右，我和杜什卡认为温暖的气候对力克的健康是有益的，于是，那年夏天，我们拿出 4 周时间去布里斯班度假。布里斯班位于墨尔本东北 100 英里处，是宜人的亚热带气候。

在此次度假的同时，我们一直还有个更为大胆的计划——搬到气候温和的美国加利福尼亚州生活。我们有个亲戚在洛杉矶，他一直催促我们搬过去。我们认真考虑过这件事，因为我们听说，美国社会对待残疾人更开明，医疗水平也更高。在搬到布里斯班的两三年之前，我们曾申请美国工作签证，但其审核过程过于漫长，我们几乎就要放弃了。我们刚搬到布里斯班，就收到了美国的 3 年居留许可。但因美澳两国的护士资质要求不同，杜什卡没能拿到工作许可。

1992 年，我们举家迁到美国，却很快就后悔这个决定了。我们喜欢加州的天气和美景，但仅凭一个人的收入在这里生活过于艰难。我们还发现，美国以商业保险为支撑的医疗制度比澳大利亚慷慨的社保体系昂贵得多。

此外，孩子们刚刚适应了布里斯班的生活，这么快就搬去加州，对他们来说也不合适。来到加州，他们很难适应一个全新的国家及其教育体系。于是，仅仅搬到美国 3 个月后，我和杜什卡就决定返回澳大利亚了。其中部分原因是，我们的美国律师告诉我们，美国永久居留权的申请核批过程相当漫长，甚至有可能不被获准。所以，我们又回到了故乡。我们更熟悉这里的生活环境，也更适合这里的教育和医疗体系。

学会成为最了解孩子的“医生”

我和杜什卡很庆幸，力克绝大多数的医疗问题源自没有四肢。他是个健康的孩子，很皮实。澳大利亚的医疗系统很大程度上实现了社会化。这些年来，我们在力克的医疗方面花费不菲，但比在美国时的情况要好多了。除此之外，在力克的成长过程中，我们还得到了很多公益组织的援助。

我们常跟很多家长说，他们得挺身而出，成为孩子的主心骨，因为父母才是最关心自己孩子的人。因为杜什卡有护士从业经验，所以我们就开了个好头。而在力克的诊疗过程中，我们又不断学习，时刻站在力克身边。有几次，若不是杜什卡插手指点，那些善意的医务人员反而很可能会对力克酿成大祸。

父母不能把孩子往医生或心理治疗师手里一递，就撒手不管了。我们建议需要特殊照顾的孩子的父母，要通晓所有与当地医疗有关的法规以及残障人士的权利。面对孩子的医疗服务方、医疗团队、心理治疗师，你要能把问题问到点子上，这一点非常重要。你们应该自学，了解孩子身体障碍的真实情况，知道什么是最有效的治疗手段。

因为力克的身体障碍很罕见，所以，我们可用的资源很少，如互助小组、家长联盟、网站、网上论坛等。但对患有常见身体障碍的孩子来说，可用的资源就有很多。此外，我们那时还没有上网条件，无法获得海量的信息。

我们发现，有件事极为关键，那就是将力克接受的治疗方法、时间节点、用过的处方药、过敏情况、生病经历、医疗流程，以及其他所有医疗信息都保留详细的记录和档案。我们不能只仰仗医生来保存这些资料，以防遗失或损毁。

最后，我们建议家长与医务人员建立联系，可以借此让对方了解到你们对孩子的爱。他们对孩子的情况了解越多，就越会好好对待他。做这件事需要一定的技巧，而且，要跟孩子所有的医务人员相处得都融洽也是很难的。但我们发现，拿出时间搞好关系，能提高孩子接受的医疗和照料质量。

残障孩子的父母常常要做出艰难的决定，这些决定会影响孩子的健康和生活质量。很多次，医生向我们建议的治疗方法从长远来看对力克有益，但会影响他享受积极的生活，而这一点与其外向的性格相左。有时候，医生不同意我们的决定。我们会听他们所有的意见和建议，然后以力克的总体生活质量为考量，再做出决定。有时候，我们还得向医生建言献策，不断地提醒他们，有些用于正常病患的常规治疗手段用在力克身上是不保险的。

力克的左脚手术

杜什卡平时温柔而迷人，但若是医务人员对力克照顾不周，她就会变脸。这种情况最早出现在给力克较大的那只脚（他最宝贵的“有形资产”）做手术时。

与较小的右脚相比，力克的左脚生有骨头和肌肉，是能够控制的。力克出生时，其左脚初具脚的形状，但只有两根粘连在一起的脚趾。我们想的是，若是医生能将这两根脚趾分开，那力克就能控制它们了。如此一来，就能用这只脚抓取物品了。我们认为，这样力克就能用脚拿笔书写，并能做其他一些事情，就像使用手指一样。

我们看过一个美国小姑娘的视频。她没有双臂，却能用脚做很多事情，如做饭、写字、画画等。看到她能如此用脚，我们大受鼓舞。咨询过整形医生和整容医生之后，我们决定让医生为力克的左脚动手术，那时力克只有 4 岁。为让儿子能尽量达到自立的程度，我们愿意做任何事情。

在做手术准备时，杜什卡一遍遍提醒医务人员，若是在强光下身上盖着东西，力克的体温会升得很快、很高，会很危险。她还提到，她曾听说有个没有四肢的孩子在做类似手术时因热性惊厥而导致大脑受损。可是，即便医生们知道杜什卡是位护士，他们也并未将其嘱咐当回事儿。

在为力克的左脚动手术时，力克身体的其他部位发热很厉害。从手术室出来时，力克浑身都是汗，体温很高。他们赶在他惊厥发作之前火急火燎地用成桶的冰块给他降温。杜什卡因他们把她的话当耳旁风而大怒不已。从那以后，每逢力克就医，我们都会将其“自烤”倾向详细讲给医生、护士听，确保引起他们的重视。

“得心应脚”

如我们所愿，力克的左脚手术很成功。两根脚趾分开了，可惜的是不能单独活动。要是能单独活动，那对力克的用处就大多了。尽管如此，力克的左脚还是能派上很大的用场。他能用这只脚拿笔，但他更习惯于把笔咬在嘴里书写。他能用两个脚趾打字，在笔记本电脑上每分钟能打出 40 个单词。

米歇尔小时候把哥哥力克的脚称作“力克的小鸡腿儿”，因为在她眼里，力克的小脚就像鸡腿一样。力克常常把自己的脚当作笑料，但他操控左脚甚为得力。他能用脚打字、打电话、操作平板电脑、控制轮椅的控制杆、玩电子游戏等。

大多数人喜欢智能手机及其诸多应用，对力克而言，智能手机堪称神赐之物，因为他能用智能手机做很多事。若没有智能手机，这些事很难或根本无法做到。通过这种电子设备，他可以轻松地与人通电话、发邮件、发短信、听音乐、看视频和电影、玩游戏、查看日程安排、记录布道文和备忘录、关注天气和世界时事。

在智能手机出现之前，在做出行计划时，大多数人是拿出地图研究行程和路线的。要是没有四肢，这可是件难事。早期的手机很大，力克能轻松拨出号码，可也有弊端：他若是将手机放在脚边，他和通话者就都无法听清，所以他得用脚拨出号码，再把手机弄到嘴和耳边。

力克从翻盖手机那里借鉴了解决方法。为此，他练习了好几个小时。他先用脚拨号，然后立刻把手机抛到肩上，用下巴和锁骨把手机夹住，再开始通话。他不仅花时间练习，还吃了不少苦头。我总幻想着这样的场景：医生问力克，他脸上有青肿，是不是被人打了。力克答道："是，是被我的手机打的。"为了练习接手机，他的手机肯定也吃了不少苦头。我都不愿问他在练习时摔坏了多少部手机。

极其活跃的力克

从多个方面来看，力克对左脚的控制能力，以及学步时就掌握的独特的用脚方法，都是天赐之福。看到他在小脚的支撑下站立行走，我和杜什卡惊喜不已，同时又担心长此以往会造成伤害。

力克大腿根处的皮肤较为细嫩，不能长时间接触地板、人行道或粗糙的表面。力克刚学会独力移动时，我们得时常在其下肢处涂抹润肤膏和止痛膏，因为那里的皮肤都裂开了，一触即痛。久而久之，那里的皮肤就像我们的脚底板一样磨出了硬皮，但我们仍担心他的行走会有副作用。

力克出生后不久，医生就对我们说，力克脊柱侧凸，并有可能随年龄的增长而恶化。他们建议，他背部的压力越小越好。力克的脊柱问题与其缺少四肢有关。正常情况下，四肢会将体重均匀分布，帮助脊柱保持笔直，而力克过多地依赖于左脚的支撑和平衡作用，大多数时间身子都是侧倾的。如此一来，其脊柱就受到了额外的压力，胸腔也发生了扭曲。当他小跳着前行时，对脊柱的挤压加剧，情况会进一步恶化。

我们曾咨询过很多专业人士，他们建议在力克的后背植入一根钢条，以支撑其脊柱。其缺点是，力克的活动能力将会受到影响。力克不是个文静的孩子，不喜久坐。他极其活跃，朋友们都叫他“人形鱼雷”，因为他喜欢横冲直撞，或一头扎进泳池，或在高速路上行驶的SUV后座上前蹿后跳。到这时，我和杜什卡已经明白，医学并非精密科学。医生会做出推测或预测，但在像脊柱侧凸这样的问题上，没人知道力克成年后会是什么情况。我还知道，医生往往热心于在力克身上动手术，因为他们把他看作一个有趣的难题。一想到他们割开力克的后背，再放进一根钢条，我们就惴惴不安，尤其是力克真的喜欢户外运动，喜欢与家人、朋友一起活动和玩耍。

于是，我和杜什卡告诉医生，我们不愿束缚力克的活动能力，我们想尽可能让他活动起来。所以，在他大约2岁时，我们开始为活泼的儿子寻找合适的轮椅。我们认为，除了运动性能之外，坐在轮椅上还能使力克与其他孩子平视。而有了安全带和垫子，还能固定和支撑他那脆弱的脊柱。

我们想尽快让他用上轮椅，以减少对他下肢的磨损。当然，找个力克适用的轮椅绝非易事。澳大利亚的医疗系统有种种好处，可它们提供的轮椅只有标准的非机动样式，而力克无法使用这样的轮椅。

力克2岁半时，我们听说英国开发出了一种电动轮椅。这种轮椅配有游戏机一样的操纵杆，他可以用左脚控制操纵杆来控制轮椅。轮椅的型号名叫“彗星”，就像是个装了轮子的大桶。这款轮椅不算漂亮，但力克很喜欢，因为它使他能自由行动，且不会磨损下肢。

我和杜什卡特别希望其座位能将力克稳稳地固定在上面。定制的轮椅很贵，但墨尔本有个专门收治缺少四肢的病患的科室，他们免费赠给了力克一辆。

第一辆定制轮椅

奇怪的是，当我们把轮椅的事告诉力克的医疗团队时，他们并不兴奋。力克的理疗师和医生认为力克太小了，不能稳妥地操纵轮椅。力克执意要用轮椅，而这时，我和杜什卡也更愿意站在儿子这一边了。最后，医疗团队同意了。

制造商送来了轮椅，还派了一名技术人员教力克怎样操控。大家都很吃惊，因为力克很快就学会了如何驾驶轮椅快速移动。因为轮椅是圆形的，紧贴地面，又是鲜艳的红色，所以我们叫它“红色小彗星”。力克很喜欢这个名字，他很快就开始在街区里飞驰起来，再次令人刮目相看。

在力克昂贵的定制轮椅中，“红色小彗星”是力克最早使用，也是最原始的一辆。说起昂贵，我并没有抱怨的意思，因为电动轮椅大大提升了力克的生活质量，他得以巡游世界做演讲。随着科技不断进步，力克使用的轮椅也变成了能自动调节高低的样式。如此一来，他就能轻轻一跳坐到轮椅上，再将其提升到与朋友或听众齐眉高的位置。

说实话，在力克和佳苗的婚礼上，最喜庆的时刻，就是力克驾着轮椅与身穿婚纱的佳苗进入舞池的那一刻。接着，他们便伴着音乐共舞。那是一个甜美的时刻，在场的众人都热泪盈眶。

有了它，力克“跳起了舞”

大多数人都不知道，那辆轮椅是力克的“婚礼秘密武器”，是专为这一里程碑事件定制的，因为他上一辆轮椅已经很旧了，操控性也很差。

力克告诉生产商，他希望这辆轮椅能有一个舒适的高度，适合在婚礼上与新娘共舞。结果，这辆婚礼特制轮椅就像是轮椅中的保时捷一般，速度又快，操作性又好。婚礼过后，佳苗对我们说，这辆轮椅性能太好，她和力克“冲”进舞池时，她差点儿被甩出去。

新型轮椅层出不穷，在轮椅上的花销也是越来越多。有些轮椅所使用的马达，与汽车雨刷的马达是同一种。新型轮椅还配有智能手机应用。力克所有的轮椅基本上都是特制的，因为他没有四肢、脊柱侧凸，又因工作需要全世界奔波，操作轮椅的风格还胆大包天。

在力克使用的轮椅中，只有一辆不是量身定制的。那是力克上小学时用的轮椅，名叫 YoYo，由新西兰和澳大利亚联合制造。那是他的第二辆轮椅。其椅面能放低，所以力克能跃上椅子，再将其升到与同学等高的高度。其重量较轻，体积较小，方便装在汽车里。现在看来，当时我们真该多买两三辆屯着备用，因为其价格合理，很适合力克使用。但可惜，那家工厂几年后就倒闭了。

力克不能握手、不能拥抱，所以只能仰仗眼神交流。甚至在小时候，很多大人都称赞他的眼神交流能力。所以，一辆能将他抬升到正常人高度的轮椅就非常重要，因为这样他就不必仰着头看身边的人了。

在成长过程中，甚至在成年之后，力克总想弄明白如果他有腿的话会有多高。据他估计，他成年后应该有6英尺①高。所以，他喜欢将轮椅调整到这个高度，在与佳苗一起时尤其如此（这是可以理解的）。

很小的时候，力克就能熟练地操纵电动轮椅了。多年来，他曾摔过几次、撞过几次，但大多数轮椅都是因破旧或因为

① 1 英尺 ≈ 0.305 米。

他长了个子而被淘汰的。我记得在力克 21 岁之前，他一共用过五六辆轮椅。我们很幸运，因为大多数轮椅都是公益组织捐赠的，其中就包括大名鼎鼎的“国际狮子会”[①]。

坐着轮椅游世界

现在，力克是自己掏钱购买轮椅。这块花销很大，因为他买的都是轻质、耐用的型号，以便于全球旅行乘飞机时使用。他在家里也保留了几辆轮椅，以备在家时使用，常常是连妻儿都一起坐在上面。电动轮椅提供的移动性极大改善了他的生活，所以，他非常同情那些买不起轮椅的残疾人。

乔妮·埃里克森·塔达（Joni Eareckson Tada）是力克的良师益友，是非营利组织“全球爱心轮椅”（Wheels for the World）的发起人，她已为全世界的残疾人捐赠了数千辆轮椅。力克支持和响应乔妮的工作，曾不止一次跳下自己特制

① 国际狮子会（Lions Clubs International）：世界最大的服务组织，总部设于美国。1917 年由 Melvin Jones 成立，现有 48,000 个分会及 150 万名会员，分布于世界 209 个国家。其英文名由 Liberty（自由）、Intelligently（智慧）、Our（我们的）、Nation’s（民族的）、Safety（安全）的首字母组成，英文意思是“狮子”，因此被称为“狮子会”。

的轮椅，将其送给更需要的人。

有一次是在 2013 年，在近 6 个月的巡回演讲的最后一站。力克已不堪长途跋涉，疲惫至极。他要在南美哥伦比亚发表演讲。这时，他看到一位少年，他只有一只脚，坐在一辆破旧的人力轮椅上。力克不禁心生关注和好奇。通过翻译，少年说他住在一个小村子里，但在一个多小时路程之外的城里上学。每天早晨，他都得坐着轮椅，走一小时赶到车站，再搭车去城里。放学后，还得再用一个小时从车站坐着轮椅回家。他对力克说，他想继续完成学业，但通行不便是最大的问题。

或许是因为少年的身体障碍与力克相似，或许是因为马上就要到圣诞节了，后来力克回忆说："当时，我就觉得上帝让我做点儿什么，不再考虑自己的疲累，而是关注眼前更需要帮助的人。"

力克提出要跟少年换轮椅，少年换到了力克的好轮椅。力克还得知少年住的村子里没有电，于是又锦上添花，赠给少年家一台发电机。如此一来，就能为电动轮椅充电了。"我从未有过这样的感觉，好像上帝在借我的手降福于人。"力克后来如此说道。

力克又一次出人意料，令身为父母的我们为他骄傲。话说回来，那次力克只能坐着少年那辆轮椅进行完了最后一站的活动，因为他此行并未携带备用的电动轮椅。

轮椅的运输难题

力克渐渐长大，他的轮椅也越来越复杂、越来越重。他现在用的这辆轮椅净重 180 磅。马达和电池的位置很关键，因为需要与乘坐者的体重平衡分布。力克小时候，我总提醒他在上下坡时要放慢速度，因为我怕他会后翻、前翻或撞上东西。他总嫌我絮叨，不过做父母的都这样，对不对？

轮椅的使用者都知道，购买轮椅只是个开头，大多数人还需要一辆能放得下轮椅的大车，还得设法把轮椅弄进车里。

2012 年，力克在塞尔维亚参加演讲活动。这期间，他去拜访了乒乓球职业运动员诺瓦克·乔科维奇（Novak Djokovic）及其家人，地点是诺瓦克开的餐馆。晚上，力克要到酒店入住，却找不到能装得下轮椅的出租车。诺瓦克的父亲就住在附近，他好心开着自己的车把力克送到了酒店。

因为重量的问题，电动轮椅很难运输。我们在车里放了液压千斤顶，在 SUV 里备了便携式坡道，以便轮椅进出。液压千斤顶很好用，但过于笨重，价格也很昂贵。便携式坡道价格不如轮椅高，很是实用，但需要细心养护。

力克 6 岁左右时，我们买了辆大车。车上有定制的起重机械，能从车里探出去，垂到地面，再按原路将轮椅连同力克一起运到车内。这个装置很便捷，与汽车电池相连，全自动。当然，在移动力克之前，我们先要检查一下，确保力克和轮椅的稳固。有一次，力克连同轮椅一起摔在了家里的行车道上。力克下巴着地，留下了一道疤。不过，力克对外宣称疤是与人执刀决斗时留下的。

为孩子的需要创造条件

不论是买房子还是建房子，我们要求的都是开敞式设计，要么没有走廊，要么走廊很宽。门也要宽一些，以便力克的轮椅通行。我们在浴室里尽量安装易取式喷头，卫浴架也要低一些，还设计有脚踏板，方便力克拿肥皂或洗发水。

我们在墨尔本建造的房子就是为力克的需要而设计的。力克当时在凯勒唐斯学校上学，房子就在学校旁边，铺的是地暖，因为在冷天里他也会有大量的地面活动。力克 9 岁之前，我们一直都住在那里。后来，我们搬到了布里斯班，在那里建的房子与原先的稍有不同。

因为墨尔本的气候多变，所以我们对地暖系统的性能不是很满意。它需要 24 小时才能热起来，而那时气温已升高，力克会觉得不舒服。它冷却也要半天以上的时间，我们只能敞开窗户以使屋里温度适宜。

随着力克慢慢长大，他能独自行动了，要么是蹦来蹦去，要么是坐在可调式的椅子上，远离地板。他还能自己跳进浴缸，所以不需要在浴缸上开个入口了。布里斯班是亚热带气候，我们不需要暖气和炉子了。夏天，我们大多数时间是用逆循环式空调降温。冬天或清晨，也用它驱寒。

人造四肢的尝试

科技越来越进步，生活越来越便捷，但力克始终未放弃对奇迹的渴盼。他的衣橱里一直放着一双鞋，以备有一天上帝决定赐给他四肢的时刻使用。多年以来，很多人都建议我们，在等待上帝回应他的祈祷期间，应该让力克试试人造四肢。最近几年，假肢制造行业的科技迅猛发展，这个建议越发令人心动。

我和杜什卡曾经认为，人造四肢对力克是件好事，可早期的经历并不尽如人意。力克 4 岁半时，墨尔本的“国际狮子会”分会以及当地的农产品批发市场（Wholesale Produce Market）在全国发起募捐，为力克筹款购买假肢。通过他们的善举，成立了一个信托基金，为力克昂贵的假肢出资。

很快，“国际狮子会”就安排力克从澳大利亚去加拿大多伦多一家著名诊所，杜什卡及我们的小儿子亚伦陪同。加拿大航空公司免费让他们搭乘飞机。为期 6 周的拜访，他们受一个当地家庭之邀，就住在他们家里。我没能陪他们去，因为当时我做着成本会计师工作，还要去大学拿商务学位，以便找到薪水更高的工作。

我们听说了一位年长的女士的故事，她对假肢有很大的兴趣。她是萨力多胺中毒的受害者，她安装了肌电假臂。这种人造胳膊上装有电极，能捕捉到肌肉运动时发出的细小电信号，而设置好的假臂能对这些电信号做出反应。安装在假臂上的假手也能受其控制，做出抓握动作。

我们不知道这种假肢是否适合力克使用，因为他的肩窝是空的，所以连接假肢颇为困难。话虽如此，我们仍然认为值得过去看看，也许多伦多的医疗团队能为他想出合适的方案。力克对此满怀期待。

多伦多这家诊所的名字是“休·麦克米兰康复中心”（Hugh MacMillan Rehabilitation Centre），现已改名为“霍兰·布勒维儿童康复医院”（Holland Bloorview Kids Rehabilitation Hospital）。杜什卡发现，这是一家世界一流的医疗机构，其工作人员专业而富有爱心。她和亚伦陪着力克在实验室里一待就是好几个小时，而力克是他们的明星级顾客。

前 3 周时间主要是对力克的身体情况进行评定，测量他的身体指标，用塑料铸件制作模子，以做出合适的结构。力克基本上是与各种捅、戳、抹石膏相伴。其余的时间，他和弟弟亚伦就在长廊里闲逛，跟候诊室里的其他小孩交朋友、玩游戏。

我们很高兴，因为诊所还为力克提供了游泳课，由一位专业治疗师在中心的泳池里上课。力克早已学会了在水上漂浮，但这些游泳课令他的信心和游泳技术大为提升。他在水中旋转身子，用左脚划出旋涡，玩得不亦乐乎。

一次艰难的适应

可惜的是，力克的首次假肢配备过程充满挫折和失望。医疗团队最初是打算给力克配上最先进的肌电假臂，通过肌肉收缩和电极来控制臂和手。但他们很快发现，力克身体情况特殊，不适用这项技术。他的胳膊根本就未成形，所以没有足够的肌肉组织来完成所需工作。

他们的备用计划是老式的机械假肢，需要力克通过开关控制假臂和假手。其金属结构由轻型材料制成，却十分笨重。技术人员把模板塑料带子搭过力克的肩膀，将连着的假肢安装好，又用几个小时教力克操作开关。

杜什卡说，看着力克信心满满地学习操作假肢，她心里五味杂陈。力克失败了好几次，但从未气馁。他耐心地、不屈不挠地学习复杂的动作，操纵笨重的机械手臂完成一个个任务。

力克要扭曲身子才能将手臂移动到目标位置，但他最终还是学会了握东西，其中包括汤匙和茶杯。于是，他就能拿起汤匙或端起茶杯，将其送到嘴边，或吃或喝。

看着幼小的力克坐在椅子上，身穿衬衫，胳膊静止不动，“手”握起的样子，杜什卡觉得有些离奇。从不远处看去，塑料假肢的肤色非常逼真。她拍了照片发给我。第一次，我们看到了力克倘若有手臂会是什么样子。真是太棒了。

对康复中心的工作人员及所有帮助力克安装、训练使用假肢的人，我们心怀感激。可即便如此，我们还是有些失望，因为有很多先进的假肢对力克不适用。我们还意识到，力克需要很长时间的调试和练习，才能做到自然而然地穿戴和使用假肢，在上学期间尤其如此。

放弃假肢

杜什卡带着两个孩子回家了。到家之后，我们对力克说，因为他努力学习使用假肢，我们很为他骄傲。力克每天都会戴上假肢练习，并慢慢娴熟起来。他能拿起食物放进嘴里、挠头，甚至还能握手。最初的几个月时间里，他兴致勃勃地拿玩具玩。有了假手，力克就能拿捏东西了。他的弟弟亚伦躲得远远的，因为力克总喜欢抓他、捏他。

然而，假肢的整体体验并非很好。力克的机械假肢用了一年多，出于多种原因，机械假肢最终还是行不通。不论力克用多少时间穿戴练习，他都非常不舒服，使用起来也非常古怪。力克还小，不能再用下去了。

力克抱怨说，戴着这副假肢会背痛。我们很担心，因为他脊柱侧凸，很脆弱。另外，假肢是硬塑料包裹的金属结构，会令力克的体温升高。这是个严重的问题，一旦体温太高，力克就会生痱子、不舒服、大量出汗。

最后一点，这副假肢不能大幅度提升力克的生活质量。从很多方面来看，其使用都颇有难度。在没有假肢之前，力克早就想办法做成了大多数动作。与使用假肢相比，他的办法往往很简单、很轻松，也更自然一些。

我们要替力克谢谢所有人的努力和付出。可一年多时间里，看着他痛苦地使用这副假肢，我们实在于心不忍，最终决定将其束之高阁，让他变回原来的样子。

力克在假肢的事上再无遗憾。很多人曾建议我们试一试假肢，我们很高兴做了此番尝试。我们考虑的问题还有，随着力克慢慢长大，每隔一两年他就得调配新的假肢。这样一来，花费很大，每次还要到诊所经历复杂的评定和安装。

多年来，在大大小小的医院、诊所中，有很多时候，我和杜什卡都觉得受够了。那些地方待人唐突而冷漠，有时候很没有人情味。有时候，我们一点儿有用的反馈都得不到。看着孩子勇敢地尽力迎合、取悦医生和父母，有时候，我们不禁怀疑这些努力是否得到了相应的回报。杜什卡的母性本能，是要保护力克的生活质量和自尊。我们觉得，力克生活中的艰难困苦已不胜其多，不应再承受不必要的压力了。

新的研究与技术发展

我们发现，多年来，因为生来没有四肢的孩子太罕见了，所以，有些医生和研究人员见到力克就很好奇，或为了研究或为了论文而检查他的情况，觉得能为自己的研究事业添砖加瓦。他们中有些人让我们把力克带到医学研究会，有的则向我们要力克的 X 光片。到最后，我们决定不再回应他们的要求，除非对力克确实有益，或在技术或在医疗程序上有很大进展的。当然，现在力克已经成人，这些决定要由他自己做。

这些年来，我们曾考虑过试试更先进的假肢，但我们认为，那些假肢不能显著提高力克的生活质量。假肢的制造技术一直在蓬勃发展，力克有一天或许愿意再试一试。有些研究人员预测说，不出几年时间，外科医生就能做到移植四肢了。其前景颇为振奋人心。

此外，最近几年，世界各地的战争导致大量人员断肢，其数字令人震惊。于是，在假肢开发领域，美国政府就成了一支主力军。其技术迅猛发展。今天的假肢已经变得很轻，其功能也接近真正的四肢。现在还出现了机器人外骨骼，能覆盖全身或身体的一部分，就像钢铁侠的装甲一样。

这些新技术、医学新进展的确令人振奋，可还有个事实：力克就这样过着精彩的人生，他或许不愿再另生枝节了。

作为力克的父亲，我只在乎他能有高质量的生活，身边的人都爱他、关心他，愿意把最好的都给他。我不想要“钢铁力克”或“机械力克”，能有“普通人力克”，我就很开心了。他是上帝的卓越之子。能有这样一个孩子，是我们所有人的福气。

温馨提示：

在孩子的健康、医疗需求方面，你要成为专家，只要有利于孩子的长远幸福，都要尽力争取。因为你才是最关心孩子的人。

了解所在国家、州省、县区等与残疾及特殊孩子的医疗权利有关的法律法规，成为孩子的主心骨。

每次去诊所或医院之前，都要做好充足的准备，这样才能把问题问到点子上。

在智能手机、笔记本电脑、家用电脑上保存翔实的医疗记录，以备急用。这些资料应包括：所有手术记录、诊疗经历、受伤经历、过敏史，以及用过的处方药和非处方药。不要觉得医生会了解你家孩子的全部医疗史。

用好医疗保健资源，其中包括：与孩子的需求相关的互助小组、在线论坛、网站、专业博客等。关注网上的信息，但不要轻信网上的说法，除非得到医生的认可或充分咨询过专家或其他家长。

尽力与医生、护士、医院的行政管理人员、其他工作人员、心理治疗师、护理人员搞好关系，同时也要让他们知道，你会极力为孩子争取最好的医护待遇。

SIX

Brothers and Sisters

第六章

亲手足，更要聪明相处

给予其他孩子同样的关注

在力克出生之前，我和杜什卡本打算多要几个孩子。力克出生之后，我们心里没底了。我们咨询过医生，他们向我们保证，说再生一个孩子的话，是极不可能有跟力克一样的身体障碍的。

力克的四肢缺失据说是缘于基因突变，而基因突变可能跟环境有关。所以，尽管医生如此说，我们还是不知道环境是否会影响到此后出生的孩子。杜什卡甚至认为力克的出生缺陷或许与自己在医院工作期间受到的 X 光辐射有关，并为此懊恼不已。头胎孩子的残疾找不到确凿的原因，我们非常苦恼。

我和杜什卡多次讨论过是否应冒险再生几个孩子。有人说生孩子是一种自私的行为，我们不同意这种说法，我们认为生孩子是爱的表现。《圣经》里说，儿女是上帝的恩赐。力克是上帝给我们的恩赐，可在当时，我担心自己没有能力，在为力克提供幸福人生所需的一切的同时再养育另一个残障孩子。

这是个艰难的决定。我敢肯定，这也是很多已有一个特殊孩子的父母无法回避的决定。这是一件私事，受多方面因素影响，所以我无法向大家提供一个通行的建议。我和杜什卡就是在得到医生的保证之后才决定再试着要一个孩子的。

我们还考虑到，事实上，力克并不像最初我们担心的那样累人，在生活中已清清楚楚地表现出来——这个小家伙活泼、聪明而有毅力。力克并不需要不间断地照看。但是，有严重残障或有特殊需求的孩子就是另一回事了，因为他们需要 24 小时不间断地照看。如果力克因心智障碍或严重的身体残疾而需要更多照顾，那我和杜什卡就不会打算再要孩子了。即使没有四肢，力克也能独自做很多事，对此我们深感庆幸。我们之所以决定再要几个孩子，其中一个考虑就是，我们认为，如果力克能有弟弟、妹妹，而他们能接受他、无条件地爱他，那对他是很有好处的。

我承认还有一个原因：杜什卡想第二胎生个女儿给力克做伴儿。可是，在这件事上，我们未能如愿。杜什卡第二次怀孕时，力克还不到两岁。大家都为我们高兴，也许亲友有顾虑，但他们并未表露出来。

这次怀孕，我们请医生再三详细检查超声波图。医生说，杜什卡怀的是个男孩，能看见四肢，都很正常。我们觉得再生个男孩也不错。要是一切顺利，弟弟会是力克的好玩伴。我们可以以后再生个女儿。

兄弟情义

尽管有医生的保证，但直到亚伦健健康康地出生，我们才真的放下心来。我们下意识地迅速将其检查一遍，以确定他的四肢和手指、脚趾一根不少。生二胎时，杜什卡的压力小了很多，家里欢庆的气氛也浓烈很多。

我们以《圣经》里的人物亚伦为他起名，因为他是弟弟摩西的左膀右臂。《圣经》里说，摩西和亚伦在大瘟疫及出走埃及期间并肩反抗法老。我们喜欢这个故事，而我们的两个儿子也的确风雨同舟，一路互相扶持着走到今天。《圣经》里还说，亚伦是摩西指定的代言人。大家也许还记得，在本书前一章里我曾提到，在力克有轻生的念头，打算在21岁前自杀时，正是亚伦及时来向我们求救。他真是力克名副其实的好兄弟。

《圣经》里记录了摩西和亚伦兄弟二人共渡了很多难关。力克和亚伦也是同样。很快，亚伦的身材就比力克大了，我们得时刻留意他，因为他喜欢抱着哥哥四处走。小时候，力克并不喜欢亚伦这么做。他若是不高兴，就会咬亚伦，或是用下巴顶和脚捏、拧亚伦，亚伦就明白不能跟哥哥玩得太过火了。

我很佩服力克小时候的敏捷性。亚伦若是想抢他的玩具，他就很娴熟地用身子挡住亚伦，就像足球运动员护球以防对手抢走一样。大多数时间里，他们兄弟二人都相处得很融洽。

若残疾孩子不是家里最大的孩子，那情况会大不相同。我曾听到别的父母说，他们的孩子很难适应一个残疾的弟弟或妹妹，因为后者使家庭生活发生了巨变。

我们则没有这个麻烦，因为在亚伦和米歇尔出生、成长期间，力克一直都在。他们很自然地接受了他，并且，直到上学的年龄，他们才对力克的不同之处产生疑问。在力克需要帮助时，亚伦以及后来出生的米歇尔都会帮他，对此毫不介意，他们只是学着父母的样子照顾力克。

孩子们小的时候，吃饭时总是很有趣的，因为每个人都想帮着力克把饭吃好。孩子们会自发地为力克切好食物，把吸管放到他的饮料里，甚至用汤匙或叉子喂他。我们从未指派孩子喂力克吃饭或帮他吃饭，大家都是在力克需要帮助时自发行动。这是家里很平常的事，所以，当孩子的朋友来家里做客时，他们也会加入进来，自发帮力克吃饭，一点儿都不影响他们交谈和玩闹。

对所有孩子一视同仁

若是身有残障的那个孩子成了家里的“霸王”，对兄弟姐妹过分依赖，或要求兄弟姐妹服务于他，待兄弟姐妹不像手足，而像护理人员或仆人一样，那就有问题了。力克和亚伦小时候，我们谨慎处理，以免力克占用亚伦太多时间。长大之后，力克能做到这一点了，但早先，我们得给他们设定基本的规矩，因为力克有时候有些霸道。

倘若残障孩子的兄弟姐妹在幼年时被迫背上本属于父母的责任，那他们的童年经历很可能会受到影响。心理学家将这种情况叫作“孩子的亲职化”（parentification of children），会妨碍家中正常孩子的情感成长。

对于这件事，以及其他几件与力克、亚伦、米歇尔的手足关系有关的事情，我和杜什卡都非常警惕。米歇尔是我们美丽的小女儿，她比亚伦小两岁半，同样生来没有残疾。杜什卡很高兴家里能多一位女性，我当然也很高兴。米歇尔与两个哥哥在家里的地位不相上下，事实上，两个哥哥都很宠她。兄弟姐妹之间的关系据说最为复杂、热情、持久，倘若其中有一个特殊孩子，那么别的孩子在正反两方面都会受到影响。我和杜什卡都知道这一点，我们也知道，我们能左右此影响的走向。

我们听说，若是家里有残障孩子，其兄弟姐妹在成长过程中会心生怨恨，或因其感到负累或耻辱。还有的孩子会觉得愧疚，因为他们正常或健康，没有身体障碍。有的孩子觉得自己得成为完美的子女，从不犯错，各方面都优秀，不给父母带来额外的压力。

我们当然不愿孩子及其关系受到这种负面感受或压力的影响。为帮助他们建立积极、持久、关爱的关系，我们竭尽所能向亚伦和米歇尔解释清楚力克的残障情况及其成因，并让他们明白，我们能为他做什么、不能对他做什么。我们还尽力给两个孩子陪伴和关注，以免让他们觉得被我们冷落，或认为他们在父母心中不如力克重要。

《圣经》中的雅各犯下大错，因为他厚此薄彼，偏爱小儿子约瑟，还送给他一件彩衣。有时候，父母会偏爱最小的孩子。有时候，父母会因在某个或某几个孩子身上耗尽心力，无暇他顾。这都是不好的。

孩子最早是从父母身上学到公平、平等、公正，所以我们尽量以身作则。我们还教导他们，在《圣经》中，信徒雅各教导诸位信徒，不要怀着偏待人的心，不要怠慢、轻视贫穷之人。

立下规矩，才有约束力

关于公平，还有个问题。亚伦和米歇尔乐于助人、充满爱心，但我们不想让力克占他俩的便宜。父母总是倾向于宠爱残障孩子，而不是约束他们。我明白这是为什么，因为天生残障的孩子比大多数孩子身上的负担都重。

身为父母，或许认为对残障孩子理应放宽要求。这种想法或许出于善意，但长此以往可能会引发问题。这样做，可能会使残障孩子的生活变得更加艰难，所以每个孩子都得守规矩才行。

没有约束的情况下成长的残障孩子，长大后会欠缺自律精神和社交技巧，情商较低。不论男女，残障人士都能过上自己的生活，但他们常常依赖别人的好心好意而放宽对自己的要求。没有人愿意帮助自私、苛刻、霸道、以自我为中心的人，不论是残障人还是正常人。

教育孩子守规矩的办法有很多，其中就包括让他们明白什么行为是不对的，并教给他们正确的行为方式。比如："弟弟拿你的玩具，你咬他是不对的。要是他不还给你，你就来找我，或找别的玩具玩。明白吗？"

规矩和惩罚应执行到位，并且要做到始终如一。这样，孩子才能知道对错，学会尊重别人。如果孩子的恶习不改，父母就需要加强惩罚力度。比如，让他远离别的孩子，没收其个人物品，取消其喜欢的活动，直到他端正行为为止。

力克一直个性很强，意志坚决，极有毅力。所以，小时候他需要大量指导，他得学会自我约束。跟大多数孩子一样，他喜欢玩电子游戏、玩滑板，不愿做作业、做家务。我们对作业、家务、玩耍等制定了严格的规矩。

不要忽视了其他孩子的家中地位

我们的指导方针是耶稣所说的“为人准则”：“你们希望别人怎样对待你们，你们也应当怎样对待别人。”以及“爱人如己”。力克不是个坏孩子，但他有时候希望别人能听从他的调遣，而不管别人愿不愿意。我们若是发现力克对亚伦发号施令或指使个没完，我们就会出面干涉。他们兄弟俩一起成长，我们会不时地提醒力克，亚伦不是他的仆人，如果力克需要帮助，就应该礼貌而亲切地开口。我让他们兄弟俩把这个道理记在心里。

做哥哥、姐姐的，总会对弟弟、妹妹指手画脚。若家里有个残障孩子，情况还要特殊一些。亚伦或许觉得理应听从力克的指使，或因未听从他而心有愧疚，因为有些事是力克无法做到的。我们不想让力克滥用特权，我们教导力克，他不应觉得有权获得他人的帮助。恰恰相反，对那些站出来帮助他的人，不论是兄弟姐妹、护理老师、同学、朋友、专业护理人员，他都应保持谦逊、心怀感激。

我们希望亚伦爱他哥哥，能多帮帮他，但我们跟亚伦讲得很清楚，他不必对力克百依百顺。这是一种平衡。我们还担心力克会变得太过依赖亚伦为他做事。比如说，亚伦十来岁时，有一次，他的朋友来家里过夜。早上，我和杜什卡出门办事去了。孩子们起床了，身为兄长的力克很高兴，因为“老虎不在家，猴子称霸王”。

“早上好啊，伙计们！我给你们做早餐如何？”力克问亚伦及其朋友。

“好啊。”他们答道。

“好的。亚伦，拿几个鸡蛋来，把平底锅拿来，把鸡蛋打在锅里，打开炉子……”

没有人指望力克做早餐，但我们很高兴，因为力克主动提出要为亚伦及其朋友做饭，并且毫不迟疑地让亚伦干了起来，而亚伦竟然丝毫没有异议！

这是残障孩子与其兄弟姐妹之间常见的情况，只要他们能相互帮助、相亲相爱，那就没有问题。亚伦慢慢长大了，就开始捍卫自己的独立性。我们期盼并欢迎这种情况的出现。

我们希望亚伦不仅是力克的弟弟，还有自己的生活。

我们的女儿米歇尔也是这样。她现在是名注册护士，还有音乐制作的专业学位。小时候，力克常常用轮椅带着米歇尔到处玩。三个孩子一起玩耍时，对力克的身体障碍都坦然接受，只是在捉迷藏时会有点儿抱怨——因为力克的身体占了很大便宜，他能藏在别人无法藏身的地方，如梳妆台抽屉、洗衣筐……

“力克冲浪”

米歇尔更多时候是跟表、堂姐妹及同学一起玩，不常跟力克、亚伦兄弟俩混在一起。而跟他俩在一起时，米歇尔也是不肯吃亏的。她有点儿假小子气，不会轻易听从别人的摆布。事实上，有时候她会把大哥踩在脚下，甚至是水底。

力克和亚伦喜欢冲浪，经常一玩就是一整天。力克躺在冲浪板上，亚伦拖着他。有时候，亚伦会拽着力克转圈，直到把力克甩出去、掉进水里为止。而我们最近才得知，米歇尔小时候最喜欢的游戏是“力克冲浪”。

力克喜欢游泳，因为他在水里的活动能力比在陆地上更好。亚伦和米歇尔戴着浮水袖才能浮在水面上，力克不能戴浮水袖——他本身就是个大浮漂。因为少了四肢的坠力，他只需肚子里憋着气，就能在水面上浮动数个小时。

力克写过一本书，名叫《永不止步》，而书名就反映了他坚定的意志。他不仅不愿止步，在水里还不会下沉。米歇尔的“力克冲浪”游戏就是由此而来的。力克的儿时游戏之一就是看看自己在水下能憋气多久（自从得知他的轻生念头，力克在水里时，我们就会密切关注）。力克在泳池里憋气有些困难，出于上文所说的原因，他总是会浮上水面。对此，他的解决办法是：在浅水区潜到水底，再让体重较轻的妹妹米歇尔踩在自己背上。

就这样，米歇尔站在哥哥背上，直到他踢动左脚以示要浮出水面。我敢肯定，力克待妹妹一定非常好，唯恐她有一天会拿他当冲浪板用。

佳苗不久前给我们发来一张照片。照片上，他们夫妻俩在家里的泳池里，力克潜在水底，让佳苗站在他背上。看来，力克还喜欢这个小游戏。人们常说，最好的婚姻以信任为基础，而一位丈夫一定是信任妻子，才会让她把自己踩在水底吧。

全家人的钓鱼游戏

孩子成长过程中，我们全家非常喜欢的休闲活动之一就是带他们到澳大利亚的海边或湖泊、河流去钓鱼。其部分原因是，家里每个人都能参与进来，与钓到钓不到鱼没有多少关系。力克成了家里最喜欢钓鱼的人。我们给他买了一个电动绕线轮，这样一来，他只需用左脚轻轻一按按钮，就能把钓线收回来。而在放线时，他可以用下巴和肩膀夹住鱼竿，猛扭身子，把线甩出去。

力克钓到大鱼时，我们就把他按在椅子里，或由亚伦和米歇尔抓住他的身子，然后帮他把鱼拉上来。大多数时候，力克并不需要我们帮忙。他喜欢钓鱼，小时候却没什么耐心，往往不等把鱼遛到力尽就猛拉钓线。

倘若是在陆地上钓鱼，鱼上钩后，力克通常是扯着钓竿向后撤步跳，直至把鱼扯到岸上。有一次，他钓了一条大鱼，而身后的空间却不够，于是，他便和鱼展开了激烈的拉锯战。鱼太大了，电动绕线轮力不能及，力克便学陀螺的样子，把钓线缠在自己身上。鱼被成功地扯到岸上了，可我们花了近一个小时才把他从钓线中解放出来。我们对力克说，他钓鱼的水平强过模仿绕线轮的水平。

我们教导家里的三个孩子，要彼此友善，绝不可把手足之情当成理所当然之事。他们似乎能将我们的嘱咐记在心里，但他们可不是天使，拌嘴、吵架在所难免。我们的三个孩子之间也有兄弟姐妹间的矛盾冲突，需要不时地提醒他们——我和杜什卡才是家里的掌权人。

亚伦和米歇尔喜欢拿力克当挡箭牌。我们让他俩通过做家务赚取零花钱，他俩小小地反抗了一下，说我们对力克并未有这样的规定。米歇尔还振振有词地说："真希望我也生来没有四肢啊，那样就不用打扫房间了！"

这番话引起了我们的注意。我们与米歇尔谈了谈，跟她讲了力克因身体不便而要面对的诸多麻烦。米歇尔改变了原先的观点。但我们也承认，在做家务这件事上，或许不应该把力克区别对待。

事实已经证明，力克能拿鱼竿、能挥舞球棒，在打高尔夫球时能把球杆夹在下巴和肩膀之间挥杆击球。所以我们想，他应该也能操作吸尘器。吸尘器是嵌入式系统，操作难度不大。当我们把力克的名字加入家务分配表时，他并不怎么兴奋，但很快就接受了安排，开始做家务了。

从此以后，我们不再优待力克。他要自己铺床、叠被，跟弟弟、妹妹一样打扫自己的房间。大家或许觉得这样对力克要求有些高了，或许会纳闷，没有四肢的人怎么铺床、叠被？力克将其当成正事儿，并想出了解决办法。他的床整理得当然不如军人的内务标准，但他真的做得很好。

让家中的其他孩子也能“出风头”

我和杜什卡一直鼓励力克，当他做成一件事时，我们会为他欢呼喝彩，还格外关注他的医疗和教育。他的生活中，有很多困难需要克服。尽管如此，我们也很清楚，亚伦和米歇尔同样需要关注，哪怕不能与力克得到的关注一样多，起码尽可能地多给他们一些。我们不愿他俩觉得受到冷落或得到的父母之爱比力克少。

在任何一个多子女的家庭里，当父母的都要把握好微妙的平衡。倘若有个残障孩子，要给每个孩子同等的关注就很难了。我们无法避免地要花更多时间处理力克的医疗、教育及日常事务。我们尽力弥补，一有机会就关注亚伦和米歇尔，并且鼓励力克也这样做。

在公平对待三个孩子这件事上，我和杜什卡非常谨慎，尤其是因为有时候我要鼓励亚伦和米歇尔参加一些力克力不能及的活动。我们不想让力克因不能与弟弟、妹妹一样而觉得受到冷落或伤心，但同时我们还得为亚伦和米歇尔加油、鼓劲儿。亚伦 9 岁时，我们觉得最好让他参加一些体育活动，于是就给他报名参加了本地的儿童足球俱乐部。我想让亚伦跟别的男孩竞争，走出家门结交朋友，组建他的社交圈。

与此同时，我们也知道，要是力克看到弟弟踢上了足球，有了自己的朋友，他会觉得伤心或受到冷落。力克不是那种自怨自艾的人，但他喜欢足球，常说希望能跟别的男孩在足球场上追逐比赛。力克小时候，体形跟别的孩子差别不大，所以，与亚伦及表、堂兄弟们在我们家客厅里踢球时，他是很厉害的。在那有限的空间里，力克无须大范围跑动，而其左脚在短距离射门时也是强有力的武器。他的头球技术高超，而且不仅限于足球项目。

YouTube 上有很多视频，内容是力克用头把篮球顶进篮圈。他说，他只需试一两次就能把球顶进去。有一次，他在体育场上，当着全场观众的面，站在桌子上“投篮”。

在亚伦参加足球俱乐部这件事上，力克表现得很有风度。看着力克站在场边观看孩子们踢球，我和杜什卡知道他心里不好受，我们也为他难过。但力克泰然处之，他为亚伦欢呼加油。当然，身为兄长，他少不了要对弟弟的表现指点一二。

可惜的是，残障孩子总有一天会因种种限制而与正常孩子分隔开来。作为家长，我们得保持积极的心态。我要鼓励孩子奋力拼搏，要勇于突破外界的成见。可事实是，虽然力克对体育运动充满热情，但是他终究无法与正常孩子同台竞技。他天性好强，喜欢竞争，所以，让他接受这一现实很难。而作为父母，看着他受这样的煎熬，我们很难过。

力克处理得很好，他没有闷闷不乐、自怨自艾。他去比赛现场给亚伦加油，在弟弟表现得好、赢了比赛获奖时，还为他欢呼。我和杜什卡觉得，让家里别的孩子出出风头是件好事。

积极面对“残障牵连”

早先，社会工作者、心理治疗师、心理学家对我们说，孩子对患有残障、慢性病或有特殊需求的兄弟姐妹会有正反两种反应。有些会保护和支持残障的兄弟姐妹，有些则会感到不安，甚至会担心有一天自己也有同样的残障或患有同样的疾病。随着年龄的增长，家里的正常孩子会有压力，因为他们担心以后要照料残障的家人。

根据养育残障孩子的专业指导意见，5 岁以下的正常孩子往往不明白家人的残障是怎么回事，但他们知道这些人的不同之处，并愿意帮助他们。6 ~ 12 岁的孩子对残障已有更多了解，他们可能会害怕自己有一天也有同样的残障，会因为对残障的兄弟姐妹有厌恶感而内疚，并且对其有矛盾的感情和态度，从过分亲切到愤恨。

青少年通常善于领会残障兄弟姐妹的复杂情况。他们可能会提出气人及尴尬的问题，并往往会因残障的兄弟姐妹而在朋友面前感到不安和尴尬。青少年往往是自私而自我的，他们不愿担上照料残障兄弟姐妹的责任，但他们同时又会对残障的兄弟姐妹抱有关注和同情。

当然，以上只是一家之言。我和杜什卡常常建议残障孩子的父母，不要想当然地希望家里的正常孩子能自然而然地应对残障的兄弟姐妹，因为家里有残障孩子，正常孩子的同学和朋友会通过嘲弄、欺凌、鼓励等手段，轻松挑拨家中孩子间的关系。

再次强调一遍，交流至关重要。拿出时间陪陪孩子，聆听他们的心声，问问他们的生活和感想。这些事做得越多，你就越能帮他们建立爱与支持的桥梁。

在亚伦和米歇尔上学之前，他们就像生活在一个泡泡里。尽管力克的残疾和不便很明显，但我们的家庭氛围还是很正常的。我和杜什卡尽力给孩子们所需的爱和关怀。力克也值得表扬，因为他不要求成为家里关注的重心。身为兄长，他往往是积极、可爱而有爱心的。正如前文中所说的那样，我们有一大家子的叔伯姑姨，以及表、堂兄弟姐妹，他们用爱、支持和接受为孩子们打造了一个“常态的茧”。

在亚伦和米歇尔离开家族的“茧”，开始上学时，我们担心，他俩作为力克的弟弟、妹妹，可能会受欺负和羞辱。力克那时岁数不大，但影响可不小。力克是澳大利亚第一个在主流学校上学的残障儿童，也成了这一历史突破的代言人。媒体闻讯而来，采访接连不断。大家能想象得到，力克应对得很好。

等亚伦和米歇尔上学时，他们的哥哥因在电视上频繁露面，早已成了澳大利亚的名人。学校的老师、同学都知道他俩是“力克的弟弟”“力克的妹妹”。这对他俩有正反两种影响。

孩子有时候会故意耍坏，但通常情况下，其恶语往往是童言无忌。力克常被问及一些无礼的问题，如他怎样上厕所、他的生殖器官是否正常等，连他的弟弟、妹妹有时也会被同学问及这样的问题。

家有残障的兄弟姐妹，家里的其他孩子往往会被人取笑、嘲弄、欺凌。这是一种普遍现象。心理学家和社会学家将其称作“残障牵连”。

一直以来，关于这个问题的研究有很多，研究结果也有很多。针对残障孩子的兄弟姐妹的恶语一般包括以下几种：“有一天，你也会变得跟你哥哥一样吗？”“你哥哥的病，你为什么没有？”“有这样一个哥哥，你不觉得丢人吗？”“你们全家都是妖怪！”

万幸，据我们所知，我们家的孩子此类经历很少。有些父母曾跟我们说，因为家有残障孩子，其兄弟姐妹竟然未被邀请参加同学聚会，朋友也拒绝到他们家里做客。

让残障孩子接受主流教育，其目的之一就是让其他孩子将其残障同学作为个体加以了解，以减少对其的诋毁和歧视。我相信，这个办法对我们家的三个孩子是很有效果的。我敢肯定，自从力克入学后，这些年来，社会对残障孩子的态度已经有了很大改变。

我知道亚伦和米歇尔为力克感到骄傲，但并不乐意总被冠以“力克的弟弟”“力克的妹妹”的名号。这是可以理解的。我最近才得知，米歇尔有段时间曾因哥哥的缘故而害怕受人排斥。那时，她刚刚进入青春期，人际关系敏感而混乱。

当时，米歇尔害怕别的女生会躲着她或觉得她古怪，因为她有个没有四肢的哥哥。她还担心，因为哥哥的缘故，没有男生会跟她约会。社会工作者说，这种心理在那个年龄段的孩子身上很普遍。十来岁的孩子大都有强烈的不安全感，迫切想要合群、被人认同和接受。米歇尔或许有这样或那样的担心和害怕，但她把作为力克妹妹的担忧都压在了心底。我不记得她发脾气或情绪崩溃的时候。在学校，她是个很受欢迎的学生，有很多朋友，男女都有。

几年之后，在一次采访中，米歇尔畅谈了力克对她的积极影响："作为他的妹妹，我了解到，残障孩子与别人并无不同。我不看他们的身体障碍，而是直接看进他们的内心和灵魂。在那里，我能发现真正的爱和快乐。最重要的是，我看到的，是一个'人'。"

相互扶持的兄弟姐妹

与身有残障的兄弟姐妹一同成长，有很多常见的困难，但也有益处。在文学作品中，残障孩子的兄弟姐妹往往比同龄人更成熟、更有同情心，更愿意帮助其他不幸的人，为人处世的能力更强，解决问题的能力更强，更有感恩之心，更有耐心，更有团队协作精神，对残障人士、慢性病人、有特殊需求的人更加开明。

在与力克一同成长的过程中，亚伦和米歇尔都有以上获益。与力克共历人生起伏的人，都曾受到这样或那样积极的影响。

社会学家中存在一个争议，内容是残障孩子在其兄弟姐妹的职业选择上的影响。很长时间以来，我听说残障孩子的兄弟姐妹在很大比例上都选择了健康、特殊教育、社会工作为自己的职业。最近，我又得知这一观点被学界质疑了，但在我们家里，情况的确如此。

米歇尔拿到了护士专业学位，在急诊室当了3年护士，她多次为难以获得医疗条件的病患提供医护服务。23岁时，她做了一件很了不起的事。她志愿到世界最大的民用医疗船上工作了3个月。那艘船名叫“慈爱非洲号”，就停泊在西非的多哥附近。她是从哥哥力克那里听说这艘医疗船的，而力克是在非洲巡回演讲时得知这艘船的。

要想在“慈爱非洲号”上工作，需要有很坚强的意志，因为在工作期间，你得自己掏钱支付船舱的费用。米歇尔卖掉了汽车，加上她的积蓄，才得以在船上干了3个月的志愿者工作。因为很久以来她就想从事这样的工作，既能有助于她的成长，又能为困境中的人提供帮助。

杜什卡的护士及助产士经历，同样对米歇尔的职业选择产生了影响。我们的女儿天生乐善好施，有时候给予他人太多。所以，当她暂停护士事业，去拿音乐制作学位时，我很高兴，因为她有与力克相同的爱好。

现在，我们的三个孩子均已成年，我可以放心地说，我们公平地养育了他们，确保让他们感受到父母的爱和支持，这种方式是成功的。亚伦和米歇尔从未对力克所受到的关注而有怨气。我知道，因为在2015年，亚伦和米歇尔都来到加利福尼亚，与哥哥力克共事，在他的“没有四肢的人生”非营利组织和“态度决定高度”有限公司两处工作。我们人生的一大幸事就是三个孩子成年后还能聚在一起，谈笑风生，庆贺彼此的成功，相互支持。

温馨提示：

家里的孩子可能会成为好朋友、好伙伴，也有可能为了争夺父母的爱和关注而彼此怨恨，所以，你要在早期就尽量利用每个机会给每个孩子爱、拿出时间陪他们，以防他们觉得被父母冷落。

若家里的残障孩子不受管教，或免于家务，或在别的孩子要受罚的事情上免责，那么其兄弟姐妹就会心生愤恨。所以，只要有可能，就不要对残障孩子格外优待。

给家里其他孩子讲讲其残障兄弟姐妹的残障原因、性质及影响，这一点很重要。他们需要充分明白，他们没有危险，不会“传染上”同样的残障。并且，虽然其残障兄弟姐妹可能做不到像他们一样，但他们同样需要爱和支持。青春期的孩子会对残障的兄弟姐妹产生复杂而矛盾的感觉，因为他们觉得被同龄人接受、能合群太过重要。身为父母，要明白这一点，并且尽力维系家人的情感纽带。

尽量不要让其他孩子担负起照料残障兄弟姐妹的责任，这样会给他们太大压力，并且很可能引起他们的厌恶。

与家里的其他孩子好好谈谈，让他们知道能从残障兄弟姐妹身上学到什么，教他们如何向朋友讲述残障兄弟姐妹的情况。

SEVEN

Nick in the Mainstream

第七章

接受主流教育还是特殊教育

为孩子争取最好的教育

我们第一次想把力克送去私立学校时，一定是没看到校长办公室门口的牌子——“腿脚缺失者免进”。

而那竟然是一所私立基督教会学校!

此前，我们早就经历过差别对待，有的学校甚至拒绝接纳力克，转而推荐我们去约纳拉—— 一所专为残障儿童而设的特殊教育学校。但是，我们铁了心要让力克接受主流教育，最终，阿尔班瓦尔幼儿园接受了他，让他入学。之所以让他去幼儿园，是为他上小学做好准备。那时，他将走出家族的保护圈。

当然，这么做有风险，很快我们就发现，有些人、有些教育机构并不愿意张开双臂接纳我们的残障儿子。幼儿园里的其他孩子与力克相处得很好，因为他们年龄太小，尚未对残障人士产生偏见。可惜的是，有些儿童的妈妈就没有这么开明了。杜什卡曾一遍遍地向她们解释，她们的孩子不会因为跟力克同班就掉胳膊掉腿。

力克的幼儿园经历很好。他上的是半日托，老师们也愿意接受他，都很随和。但是，等力克上小学时，情况就大不相同了。大多数家长只是就近找一所公立或私立学校让孩子入学，不会有太多问题。可轮到力克入学时，一提到他有身体障碍，我们就四处碰壁。

我们一家都是基督徒，喜欢教区的氛围，所以，我们的第一选择是让力克上私立的基督教会学校。我们认为，在规模小一点儿的学校里，力克能得到更多关怀。这样的学校大都比公立学校昂贵，但多亏力克的阿姨和舅舅，他们在力克出生不久就为他建立了教育基金，我们才得以有钱支付他的学杂费。

我和杜什卡当了一辈子基督徒，可我们还是想错了，竟然以为私立的基督教会学校比公立学校更宽容、更开明。我们跟管理人员说，力克不是那种正常的学生，可一开口，他们就拒绝收他。我们见过的校长、教职员工、学生、家长，他们主要担心的就是力克的残疾。他们认为力克是个累赘，会消耗他们有限的人力、物力，所以不想收他。他们拒绝的理由如下：

我们没有便于轮椅出入的教室。

他需要老师的帮助，但我们没有钱支付老师这部分工作的费用。

他怎么写字？怎么画画？怎么在手工课上用剪刀？

他的个人卫生怎么办？

我们没有便于轮椅使用的厕所，也没有人会帮他。

在餐厅里，他怎么吃饭？

我们如何保证他在操场上的安全？

我们害怕他会令别的孩子感到不安。

无所谓。力克在基督教家庭长大，我们大多数朋友都是基督徒，所以，让他在基督教会学校上学反而会影响他的人生体验，缩小了他的社交圈。我们不愿他与基督教外的世界隔绝。

不愿隔离，拥抱主流

基督教会学校的管理人员给我们的建议大都是一样的，那就是把力克送去一家专门为残障孩子开设的隔离学校。过去，政府支持创办隔离式教育环境，以满足此类孩子的教育需求。此类学校从政府手中获取专项资金，用来向特殊孩子提供教育。学校里设有轮椅通道和无障碍设施，老师也受过特殊教育培训。这是他们认为的最佳方案，但我们并不认同。

我们不愿把力克放进专为残障孩子而设的学校。乍看之下这个选择合情合理，但和我们想的截然不同。我们觉得，从长远来看，那样的学习环境对力克并非好事。我们去约纳拉特殊教育学校实地考察了一番，最终决定不让力克上这种学校，因为我们不喜欢其隔离的环境。力克在小时候，就已让我们明白，身体障碍并非他的全部。他拒绝接受设限的人生，而我们也不愿让他独立而积极的心态受限制。力克迟早会在正常人中间工作和生活，所以，我们觉得，他对真实世界了解得越多越好。孩子的适应能力远胜成年人，我们认为力克能设法融入常人的世界。

力克早就尝过偏见的滋味，我们也知道，他在主流公立学校里会面临偏见、嘲讽和欺凌。当然，我们对此很担心，但每个孩子或多或少都会遇到这些问题。在某种程度上，我们得让孩子走出“巢穴”，学会如何在外界生存。

我们知道得坚强一些，父母不可能保护孩子免受一切伤害，尽管我们很想。好心的社会工作者及教育界人士也告诉我们，力克在特殊教育学校是最合适的。但我们决定不听他们的建议，而是听从直觉。而且，力克渴望正常人的生活，他想让别人把他当正常孩子看待。

多年以来，我们曾咨询过专家，听过他们的建议，但力克太特殊了，常人的规则和方法在他身上并不适用。世上没有两个完全一样的孩子。医生、社会工作者、心理学家往往把孩子分门别类，再按照类别选择治疗方案，他们并未将力克坚强的意志和令人刮目相看的能力考虑在内。我们想给他一个机会，让他在主流学校健康发展。于是，我们开始在本地区寻找合适的公立学校。

选择学校要做足功课

几十年来，澳大利亚一直对残障孩子采取隔离教育，最近才开始向他们打开了主流学校的大门。公立学校纷纷整饬一番，接受残障学生，但大多数学校都没有坡道、残障人士专用厕所及其他必要设施。我和杜什卡成了活动家，代表力克四处游说，请教育部筹集资金以支付护理老师的工资，并允许志愿者随堂帮助残障学生。

经过很多人的努力，公立学校的大门终于敞开了。力克成为首批获准在本地区常规学校上学的残障孩子。下一件事就是寻找一所合适的学校。

我们研究了现有的几所小学，但校长和教职员工对此并不热情。尽管全国范围内主流教育运动蓬勃发展，但他们说，学校里设施不够完善，不能满足没有四肢的、坐轮椅的学生的需求。

最后，一个亲戚建议我们去墨尔本西北部新住宅开发区里一所新建的小学。学校的名字是凯勒唐斯，其宗旨就是向残障及特殊孩子提供主流教育。学校的教室都在一楼，还有坡道、加宽的走廊以及适合残障人士使用的厕所。

这一发现很令我们兴奋，原因有以下几个：凯勒唐斯小学是我们找到的第一所非常适合力克及其轮椅的学校；学校周边有大量新房建设项目，而且在学校周边建房所需费用在我们的财力范围之内。当时，我们住的地方是一片老区，有楼梯，走廊很窄，各项设施都不适合力克的轮椅出行。

我们决定了，如果凯勒唐斯小学愿意接受力克，我们就在步行距离之内建一栋房子，专门为他的便利而设计。我们还对一件事特别满意，这个学校是新建的，每个孩子都是“新生”，所以，便于力克结交朋友，让人接受他。

力克工作委员会

当时的时机很好，因为整个教育环境都在改变。那个学年，维多利亚州的 1000 所主流学校共招收了 3500 名残障学生，让他们接受主流教育，力克就是首批入学的学生。学校的管理层、教师及家长都要做很多调整。

我们去见凯勒唐斯的校长，他对我们表示支持，愿意接收力克，但他说尚需做一些必要的准备工作。他需要对教职员工进行培训，以调整好学校的软件和硬件。他们还要做做其他学生和家长的工作，确保他们能欢迎、接受力克。

有的家长担心力克会让自己的孩子分心，或担心他需要太多额外的关注，老师可能会无暇顾及他们的孩子。这在当今更为开明的大环境中，是难以置信的。可在当时，的确有家长提出类似的意见，还好只是少数现象。

除此之外，还有政府相关的繁文缛节，以及经济问题需要考虑。本州的教育厅、本地的教育部门专门拨款为力克聘用护理老师，还给他定制了一张课桌，有足够的空间来容纳他的轮椅。教育部门评估了力克的身体状况及其需求，其中包括请医生评估一下力克，看他能否在教室里跟其他孩子一起上课。学校为此成立了“力克工作委员会”，以促成力克入学一事。委员会组成人员包括学校校长、力克的几位老师、护理老师、杜什卡、一位医生、一位教育部门的代表。

凯勒唐斯的校长愿意克服困难接收力克，我们至今对他都心怀感激。他是位浸信会教友。我不知道他的决定是否受到教徒身份的影响。我想他只是出于好心，或许二者皆有。不论他的动机是什么，我们都感谢上帝，感谢他让我们遇到这样一个好人，并让他做出这样的决定。尽管有这样或那样的困难，力克也要在主流教育环境中立足。

在力克早期的学校生活中，杜什卡是他的主心骨。为了照顾力克，杜什卡每天只上半天班。我们家的收入受到影响，但我们认为她应该多用些精力在力克的教育上，这样最好。我父亲也来帮忙，在力克上学期间，他负责接送。在需要时，母亲也来帮忙，在我与杜什卡工作期间为我们照看另两个孩子。

科技进步对求学的帮助

我在前文中说过，技术进步在力克的生活中起到了关键作用。有时候，我都禁不住怀疑：上帝是不是在硅谷设了个办公室？这一点在力克上学期间得以显现。教室里配有学生用台式电脑，对力克大有益处。他无法拿书、翻书，但他能浏览电脑屏幕，能用左脚在键盘上打字，还能操作鼠标或摇杆。

我们还跟力克的老师想出其他办法，以帮助他在课堂学习。我和杜什卡选择的材料是 Aquaplast（一种可塑塑料，在医院里常用来制作夹板）。我们用它为力克制作了支架，以便于他用左脚拿笔。有了这个支架，他就能轻松写字、画画了。

我为力克制作了一个桌面储物架，用于放置学习用品，便于力克拿取。由于身体的原因，力克不能长时间写字，所以，护理老师就替他记笔记。不过，他能用脚做很多事。我们甚至灵机一动，想出办法教他学会使用剪刀。我们把剪刀的一个柄放进桌面上的储物箱里，这样，他就能用脚压下另一个柄来剪东西了。

我们知道，要让力克融入班级很困难，但很值得。对没有四肢的学生来说，哪怕是最简单的课堂活动都是对头脑、耐性的考验。但在周围人的帮助下，力克坚持下来了。

力克成为正面典型

从一年级开始，我们就坚持让力克接受主流教育。这并非我们孤注一掷，让他自生自灭，因为我们一直在支持他，但力克有时得奋力拼搏才行。害怕被同学排斥，害怕老师失去耐心，因为这些都会对力克产生不可挽回的影响。但力克在学校取得的成就，不仅令我和杜什卡颇为震惊，还让校长、老师、社工以及其他家长刮目相看。我们原本害怕别的学生家长会不欢迎力克，甚至认为他会对班里的孩子产生不好的影响，但他们都接受了他，并为他加油、鼓劲儿。

这都是力克的功劳。他并未躲在餐厅的角落里，他主动与别的孩子接触；他在课堂上踊跃发言；他喜欢讲笑话，往往会自嘲一番；他与周围的同学打成一片……尽管当时并未发觉，但他迷人的品质正渐渐养成。而正是这种魅力，日后使他成为世界上人气非常高的演讲家。

自从力克进入主流教育体系，多年以来，很多残障孩子的家长都对我们说，力克为他们的孩子树立了榜样。力克打消了大家的种种疑虑，赢得了同学和老师的喜爱。所以，其他有身体障碍的孩子就很容易仿照。他们的父母看到力克被接受，并能适应其环境，随即也想开了，让自己的特殊孩子也接受主流教育。

毫不夸张地说，力克已成了一个象征人物，代表的是残障孩子能融入澳大利亚的主流教育体系。教育部及州政府的官员都到校看望力克，与他及老师交谈，看他与同学们互动。电视台记者、报社记者、摄影记者也来采访他。

这是力克首次出现在媒体的关注之下，大家也许预料到了，力克像花朵沐浴阳光一样迎接这次机会。他积极、乐观的心态如花盛开。我和杜什卡很高兴，因为外界有机会了解真实的力克。而事实也很清楚，当力克接受采访时，他自然而然地化身为所有残障、特殊孩子的代言人和榜样。

当时，政府正拨款推动特殊孩子接受主流教育。政府官员也在寻找典型，发言支持特殊孩子融入主流。力克在媒体上热情而积极的表现引起了澳大利亚教育部的注意。时任部长琼·科娜成了力克的粉丝，后来对力克帮助很大。1988 年，她到力克所在的学校视察，报纸上配发了她与力克的合影，标题是《先行者尼古拉斯》。此后不久，维多利亚州主流学校用于资助力克及其他特殊孩子的资金增至 370 万澳元。这笔钱有一部分会用于资助另两位残障孩子第二年入学。琼·科娜后来成了维多利亚州首位女州长。

1991 年，力克因“超越年龄的勇气”而被授予“凯勒年度小公民”称号。2001 年，他还获得了“澳大利亚年度少年人物”提名。他在上学期间还获得了很多称号和表彰。

力克能被当作将澳大利亚残障孩子纳入主流教育运动的典型，我们很高兴。他很好地处理了各界的关注。我们不断地提醒他，确保他能关注自己，不会妄自尊大。我们更加注重保护隐私，限制他在媒体上的曝光程度。我们还担心家里另两个孩子会受到此事的影响。这是个很特殊的问题—— 一个残障孩子成了媒体热点。所以，我们要设法把这个问题处理好。

演讲事业由此播种

当时，我们并不知道，但这些经历仿佛为他后来的公共演讲事业播下了种子。他能在媒体和大众面前侃侃而谈，谈论自己对残障孩子被纳入主流教育的看法。后来，在力克演讲事业起步时，他曾就读的麦克格雷格州校的校长对他极为支持。他曾预言，终有一天，力克将会获得巨大成功，人们会一掷万金，请他演讲。当时，我们只是将这当作恭维话，因为他说的事实在令人难以置信。今天，力克的演讲报酬往往高过万金之数。当初，那位校长还真是颇具慧眼。

我们想让力克接受主流教育，并鼓励他与外界接触，勇于发言，主动交际。我们当初的这个决定早已对力克的人生、对其他残障孩子有了积极的影响。可惜，力克在凯勒唐斯只上到四年级上学期，我们全家就从墨尔本搬到了昆士兰的布里斯班。

转　学

我们在墨尔本打造的生活很舒适，所以，搬家的时候，我和杜什卡都担心让力克离开这么多亲朋好友可能很难。力克的一位老师提醒我们，新的学校或许对力克不那么友好。

他说："你们不知道这里对他有多好。"

搬家之初，我们担心老师的话可能会应验，因为我们在为力克寻找学校时遇到了重重阻力。几次失败之后，黄金海岸罗比纳小学接收了他。力克在这所学校如鱼得水，因为他的老师也有身体障碍，也需要坐轮椅。力克只在那里上了一个学期，就转学去了麦克格雷格州校。这所学校的规模比凯勒唐斯、黄金海岸罗比纳都大。学区将力克转到了麦克格雷格州校，因为这所学校更为现代化，更适于残障孩子的需求。

最初，我们还很忐忑，后来却发现，麦克格雷格州校对力克来说是个更好的所在。学校设有完备的主流课程，还有许多坐轮椅的学生，所以我和杜什卡不必再费心为力克创造一个好的环境了。老师们也很有经验，知道如何为残障孩子和特殊学生调整授课计划。这是件好事，因为力克不再是学校里唯一坐轮椅的学生了。对他、对我们而言，都轻松了很多。

力克天生就会克服孤独和不安全感，那就是设法找到更大的目标。他总结了一个人生哲理：要实现自助，最好的办法就是助人。在麦克格雷格州校，他积极参加募捐活动和慈善活动。在一次募捐活动中，他和同学们展开竞争，逐门逐户地卖东西，他成了学校的顶级推销员。

力克积极参加学校的活动，得以结识更多的老师和同学。

大家很快就了解到，尽管力克没有四肢，但他思维敏锐，有极强的幽默感和迷人的微笑，很有人缘。他赢得了很多同学的好感。1995 年，力克被选为学生会主席。

上任之后，力克带领学生会筹款 5000 澳元，帮助麦克格雷格州校建了一个健身中心。健身中心里有块匾，上面记录了历届学生会主席的名字，力克的名字就在上面。我们觉得很滑稽，因为力克在竞选时提出要在学校里定期举行轮椅比赛。顺便提一句，他好像从未兑现这一承诺。

力克是麦克格雷格州校首个身有残障的学生会主席。后来，上中学时，他也担任了类似的职务。这令人刮目相看，因为他中学去的是朗科恩中学，而朗科恩中学与他上的小学不在一个学区。我们之所以把他送去朗科恩中学，是因为麦克格雷格的中学没有适合轮椅活动的相关设施。如此一来，力克就得从头开始，证明自己、结交新朋友。

适应新环境

力克在朗科恩中学入学时，又一次成了“新生”。他所有的小学同学都去了另一所中学。在这个新环境里，力克面对三个困难：没有熟人，外表独特，坐轮椅。

自从力克中学毕业后，公众对残障孩子的接受程度有了长足的进步。在改变公众对残障人士的看法方面，力克做了巨大贡献。他在全世界大大小小的学校演讲，还在网上发布励志视频，深得年轻人欢迎。可惜的是，在他上中学时，周围的同学认为跟坐轮椅的孩子在一起玩并非什么好事。力克的新同学看到他没有四肢，看他坐着笨重的大轮椅，对他有各种各样的负面看法。可怜的力克曾经历过这些：不断证明自己，结交朋友。所以，看到他刚进中学时表现出的沮丧，我们不能怪他。

力克曾在书中写到过，也曾谈到过自己在早期的中学生活中苦苦挣扎，一心想要和同学们打成一片。直到最近，我和杜什卡才得知，他当时甚至学会了说粗话，因为他觉得那样能让他得到“酷”学生的认可。力克并不为此决定感到骄傲，而我也高兴地得知，他粗话说得并不在行，并且很快就因羞耻而“戒掉了”粗话。

任其绽放，定能让人刮目相看

力克承认，上中学时，他曾短时间内回避自己的基督徒身份。他拒绝基督徒同学的邀请，不跟他们一起祷告，不跟他们一起玩，因为他不愿别的同学对他有成见。青少年质疑自己的家庭信仰并非罕事，我们不喜欢这种情况，但我们能理解。那时，力克仍未想通为什么上帝不让他四肢健全。

力克有很多挣扎，看他这样我们也很难受。不过，从中可以看到他坚强的个性。我们那时对他说粗话和脱离基督教同学圈的事毫不知情，所以无法及时加以纠正。令人刮目相看的是，力克最终意识到自己做得不对，随即将其改正了。这种知错能改的态度是人生成功的关键。成年之后，我们所做的决定将会影响我们的生活质量。那时，父母将不会守在身边，给予我们指引，我们得自己想办法。我们都会犯错，关键是要认识错误，及时改正，争取更好的结果。

力克对照自己从小到大的基本价值观，反省了自己的言行，最终改邪归正。这是关键的一步，从此他就丰满了双翼，独立飞向了成年。力克不再臆想迎合外界的看法，同学们开始聚拢在他身边。他结交了很多好朋友，成了学校里的领袖人物。

我前面曾经提到，力克在主流教育体系上学期间取得了巨大成功，引起了媒体的关注。他上学期间的报道中，我最喜欢的是有一篇报道以《勇气队长》为标题。我们喜欢这个称呼。我和杜什卡常常觉得力克很了不起，因为他在接受采访时表现得很好。他不对自己的成就喋喋不休，而是谦逊地鼓励其他特殊孩子，让他们坚强起来，展现他们的才能和天赋。力克上学期间，曾有记者问他当选为学生会主席对其他残障孩子有何意义，力克做了简洁而振奋人心的回答。而那句报纸引文是我最欣赏的："我认为所有坐轮椅的孩子，在任何事上都要放手一搏。"他如此说道。

他的意思是："我们是有价值的。我们跟别人一样，不要把我们隔离开，不要对我们抱有成见，不要给我们设限，让我们向你们展示，尽管有身体障碍，我们也能做很多事情。"力克以身作则，让我们懂得了很多道理——摒弃对残障人士的成见和限制，把他们解放出来，任其绽放，他们定会让你刮目相看。

不可轻视的校园霸凌

当然，自由自在地接受主流教育，既有好的一面，又有坏的一面。因为搬家，力克转过几次学。相比其他学生，他当"新生"的次数特别多。这个角色并不轻松，大家想必想象得到，身为没有四肢的"新生"，更是难上加难。

我们先从墨尔本搬到布里斯班，接着从布里斯班搬到美国，又从美国返回布里斯班。我们希望给力克更好的生活条件。可惜，事情并非总如人愿。第一次搬到布里斯班时，力克受到了很长时间的孤立。最初，他犹豫不决，不愿与外界接触，不愿结识新朋友，只是离群索居。后来，他常常说起，当时他总是躲在操场的灌木丛中或教室的角落里。

力克在凯勒唐斯是明星级学生，所以，他不习惯被人忽视、默默无闻。转学之后，他不愿与人交谈，也不愿结交朋友。那个时期，力克开始对自己的未来和人生感到迷惘。他那个时期很消沉，他害怕会成为我们的累赘。这些消极的想法使他产生了轻生的念头。

力克在书中曾经写到，促使他产生轻生念头的一个原因，是在学校里受人欺负。他最难忘的欺凌经历发生在凯勒唐斯一年级时，并以操场上的一次打架到达顶峰。我和杜什卡当时都不在场，所以只能听力克描述。据力克声称，他一个冲顶击中了对方的鼻子，击败了那个体形庞大的对手。

那次打架已被力克的粉丝加上了虚构的光环，也诞生了力克的一句名言："没有胳膊，但有战斗力。"力克一向提倡非暴力主义，但他声称那个一年级的恶霸令他别无选择，只能自卫。那个孩子不断挑衅，还威胁要揍他。那是力克第一次打架，万幸，他以不败的战绩金盆洗手了。

听力克描述打架的经历，其实很好笑，但我不敢轻视欺凌及其影响。当时，力克曾因害怕而不敢出家门。而在小学和中学里，有很多这样的例子。

欺凌者往往本身就是欺凌的受害者。他们欺负别人，是因为他们曾受到哥哥姐姐、残暴父母或其他孩子的虐待。有些欺凌者本质就很坏，有些人则是心存误解，误以为对别人的嘲弄、推搡不过是打趣或玩笑而已。

欺凌现象多种多样，应对办法也是多种多样。对那些意欲对他人进行身心伤害的恶霸，我们从不建议力克暴力对抗。与之相反，我们让他报告老师、学校管理人员。同时，躲得远远的。

谁都不能欺负你

力克曾长期处于校园恶霸的恐吓之下，但在大多数情况下，他都设法坚强应对。我不建议家长让孩子与恶霸打架或与之对抗。与之相反，最好的办法是向学校管理人员寻求支持，以及向老师和朋友寻求保护。

力克曾成功地扭转了一次欺凌事件。上中学时，那个孩子曾一度令力克非常难堪。每次在教学楼里或校园里见到力克，他总会反复高喊一句很难听的嘲讽话，令力克很是丢脸。力克尽量躲着他，这是明智的做法。而这种骚扰持续了数周之久，力克终于受够了，他去找那个同学对峙。力克告诉他，他的话很伤人，并让他住口。力克当时一定很惊讶，因为那个同学悔悟了，说自己其实没有恶意。他说他只是想跟力克开玩笑，并在力克告诉他停止嘲弄时立刻做出了改正。

那次欺凌事件结束了，但力克还是觉得难以放下，因为当时没有同学站出来为他打抱不平。在成长过程中，极少有孩子从未受过欺负。研究表明，残障孩子和特殊孩子更容易成为欺凌的目标。恶霸盯上的，是一个人的弱点和不同之处，或认为你好欺负。

我和杜什卡尽力支持力克，教他正确看待欺凌现象。我们教他不要在意别人的冷言冷语，不论其有意还是无意。我们教他不要把别人的嘲讽和孤立放在心上。我们告诉他，遇到这种情况时，最好的回应就是跟那些乐于与他相处的人快乐相伴。

事实上，在孩子上学期间，为保护孩子或使孩子远离欺凌和恶语，家长能做的也只有这些。我们还认为，在一定程度上，让力克明白现实世界里不是每个人都会爱他、接受他，这对他其实是有好处的。铁石心肠不是好事，但厚脸皮是个优点。我们从不允许力克用逃学的方式来躲避欺凌。如此一来，就养成了他的骨气。

在反欺凌运动及像力克这样的倡导者的努力下，近几年，公众对校园欺凌的认识有了大幅提高。学校的管理者、家长、孩子都意识到欺凌是个严重的问题。在全世界范围内，语言欺凌、身体欺凌、网络欺凌已使很多孩子终日惶惶，甚至自杀。公众对此现象的关注度越来越高，反欺凌运动随之而生。

反欺凌运动

欺凌，在某种程度上会影响每一个家庭。而表现在残障孩子和特殊孩子身上尤其令人痛心，因为他们身上的负担已经太重了。父母苦苦培养孩子自尊和坚强的性格，但同龄人的暴行会使这些努力毁于一旦。

看到越来越多的学校将欺凌问题重视起来，积极开展反欺凌运动，真是令人振奋。看到学生们主动接触残障同学，并保护他们，让他们感受到欢迎和珍视，我们深感欣慰。把力克送入主流学校，其最大的好处就是让其他孩子明白，特殊孩子也是人。除了残障和不便，其他孩子能对这类特殊的人有更多了解。他们能看到，这些人个性很强，并且很有天赋和才华。

力克及其他反欺凌活动家鼓励青少年接纳残障同学，而非孤立他们。他们可以相互学习。力克写了一本反对欺凌的书，名叫《谁都不敢欺负你》。在书中，力克向孩子们列举了一些办法，使他们保护自己免受欺凌，在此我就不赘述了。对学龄期的特殊孩子的父母，我的建议是：最好的进攻是防守。想让孩子学会应对欺凌，最有效的方法是让他们强烈地感知到自己在世间的价值。让他们知道，他们有人爱，且配得上他人的爱。帮他们发现自己的才能和天赋，引导他们将其发扬光大，以使其看到人生的目标。

在教育特殊孩子时，尽量避免批评或贬低，因为这样会削弱其自尊，容易使其变成恶霸眼中好欺负的人。最重要的是始终与孩子保持交流，拿出时间观察孩子与同学们在一起的情况。如此一来，一旦孩子受到欺凌，你就能立刻发现并在情况升级之前将其制止。

患有智力障碍的孩子有时受到欺凌却不自知。在恶霸假装友好，其实是占便宜或嘲弄他们时，他们或许没有能力识别。这就是为什么父母要多参与孩子的学校生活，监视其各种社交关系。我们尽量不做力克的“直升机父母”，但我们定期会跟他的老师和同学们交流，了解情况。

如果孩子在情感交流方面有困难，你可以让他们画笑脸或哭脸，或用手边的物品表演他们的学校生活以及同学间的关系。鼓励孩子写日记，并与孩子一起阅读，或让他们把一周中学校生活的要事罗列出来。

我见过一些特殊孩子的父母，他们热烈地回应力克的反欺凌视频。这些视频能在 YouTube 上找到，“谁都不敢欺负你”的网站上也有，力克的“没有四肢的人生”及“态度决定高度”机构网站上也有。力克曾经历欺凌，他有很多好的建议和鼓励送给遭受欺凌的孩子。

力克鼓励残障学生和特殊学生要保持心态平和，要敢于接触其他孩子。他还鼓励他们要积极一些，他告诉消极的年轻人，要通过帮助别人来改变绝望的想法。他用积极的话语鼓励他们——要变成心中所想的奇迹，要帮助别人找到治愈的力量，而这治愈的力量也是他们所需要的。听从他的建议一定不会错。

用真心和坚强赢得认可

有的孩子只是因为个子矮、长了粉刺，或不擅长运动而受人欺负。那么，大家想象一下，像力克这种与同学们大不相同的孩子，会有怎样的境遇？力克直到 25 岁左右才首次见到另一个天生没有四肢的人。他往往是学校里唯一坐轮椅的学生，他用脚写字、画画，这都是同学们平生仅见的事。力克的不同一目了然，他不可能一下子就融入周围的环境。

同学们第一次见到力克时，很自然地就盯着他看，小心翼翼，有时还可能问他一些尴尬的问题。我们告诉力克，他的外表过于独特，应料到别的孩子的反应。我们建议他向大家展示自己只是个普通的孩子，爱玩滑板，喜欢电子游戏，喜欢看电影。

“跟他们交谈，跟他们开玩笑。让他们看看，除了外表，你在其他地方都跟他们一样。”我们如此对力克说道。

力克需要很大的勇气才能做到这些。有时候，他不愿离家去学校。我们能感知他的痛苦，但我们对他说，不能当缩头乌龟。我和杜什卡向他保证，坚强一些，自信一些，就能得到别人的认可。

“若想别人对你友好，就得对他们友好。”我们这样教导他，“付出善意和理解，才能得到善意和理解。种瓜得瓜，种豆得豆。”

力克遇到过很多难关，但总体而言，他成功地融入了主流社会。他有些日子，甚至连续数周、数月过得不顺心，但他知道，要不屈不挠地去证明自己。我和杜什卡很为他骄傲，因为他不仅意志坚强，还脱颖而出，成了学生会主席。

说起那段往事，我们最难忘的一件事，发生在力克上一年级时。我和杜什卡去学校看他，看到力克的同学跟他玩闹，帮他拿书包，跟他一起学习，我们很感动。而几天之后，力克回到家里，说他在操场上的弹珠比赛中大获全胜，我们都有些惊讶。

“你怎么弹玻璃球？”杜什卡问道。

“我用脚踢一下我的玻璃球，碰到谁的，谁的玻璃球就归我了。”力克答道。

说着，他举起一个大袋子，里面装满了他辛苦赢来的玻璃球。

这就是我们的儿子，他什么事都全力以赴。

温馨提示：

跟医疗问题一样，我们建议家长在残障孩子的教育问题上要积极而有主见。校长、老师、护理老师、同学、其他学生家长不可能像你一样关心和了解你家孩子的情况。

我们发现，最好的办法是把学校管理人员、老师、护理老师组成“力克工作委员会”，定期交流，协调日程安排，对力克的需求、期望值、强项、弱点、目标有清晰的了解。

即便意见不一致，我们也尽力不去公开批评老师或与老师发生冲突，因为我们希望他们好好对待力克，不要厌恶他。

我们积极参加学校里的活动和项目，以表示对孩子教育的投入。

这件事看似有些艰巨，但我们建议各位家长：要了解与残障孩子权利有关的法律法规，以及让孩子接受学校教育所需的条件。

详尽记录孩子的成绩、评价测试结果，以及与学校管理人员、老师的交流情况。

努力了解学校里针对残障孩子的政府资助、慈善组织和特别资助项目。你的孩子可能符合其资助条件。

密切关注孩子对学校的情绪和态度，以便能及时察觉其是否受到欺凌。时常与孩子聊天，问问他跟同学的相处情况。如果感觉到可能有问题，就去找老师和学校管理人员了解一下情况。

EIGHT

Roots and Wings

第八章

“根与翅膀”

为成年做好准备

力克小时候，我们是过一天算一天。这是不得已的办法，因为我们得养育力克，不能整天因他的将来而烦恼。当时，我们夫妻俩都无法想象，一个没有四肢的成年人如何自立。力克到了青春期时，这种育儿方式就得改变了——他即将成年，我们得帮他制订职业规划。

我们觉得有责任给力克及家里所有孩子“根与翅膀”。“根”，指的是坚实的基础，通常包括知道自己被爱、被珍视，还要有基本的生活技能、个人责任感、牢固的价值观体系和精神依托。

“翅膀”指的是在“根”扎下之后，孩子成年时发生的情况。到那时，父母要抽身而出，给孩子成长的空间，让他们犯错，从中得到经验和教训，最终变得独立而自立。给他们“根与翅膀”的目的就是有一天让孩子离开巢穴，独自翱翔，成为自立且成功的成年人。

残障孩子、特殊孩子的父母常说，最难的是孩子最初的诊断阶段，其次就是他们走出校园，进入成人的阶段。很多特殊孩子因为严重的身体或智力问题终生无法独立。虽说现在机会多了一些，残障人士可以在护工的照料下，或在特殊住宅、社区护理院、福利院等地独立生活，但其父母和家人往往面对艰难的抉择。

最初，我们担心力克或许终生无法自立，但上学时，他是个勇往直前的好学生，于是，我们的顾虑打消了。我们认为，他可能一直需要护理人员的协助，但在很多方面，他都是个非常独立的人。

父母总想让孩子过上最好的生活，而在力克的人生规划上，我们很保守。我认为，力克没有四肢，只能做做某种办公室工作。而后来，我们发现，他有更大的志向。

力克进入中学之后，我们仍毫无头绪，不知他怎样才能独立。我们祈祷上帝的指引，同时竭尽全力让他好好学习，接受良好的基础教育。我们的目的只有一个，那就是帮他找到一条职业道路，让他向上攀登，让他实现自立。这也是大多数父母为孩子制定的目标。我们不会逼力克做他不感兴趣的工作，于是我们就跟他谈了谈，问他的兴趣所在以及打算从事什么职业。他数学学得很好，电脑操作也很熟练，所以有很多选择。

力克感兴趣的还有音乐。他直到现在还爱唱歌，喜欢敲电子鼓。他曾经组建了一个打击乐队，在中学里敲鼓，在教堂里弹木琴。中学里爵士乐队的指导老师很欣赏力克，在有些演出上让力克登台表演。力克在中学时还得过爵士乐优秀奖。有时候，他说想从事音乐方面的工作。

提前做好职业规划

我是一个务实的父亲，所以，我认为在音乐行业找份高收入而稳定的工作是不太可能的，对一个没有四肢的人来说更是如此。我是个商业会计，所以，我着重培养力克的数学天赋。我教力克和亚伦学乘法表，并将其变成一件乐事：他们兄弟俩比赛，看谁能最快算出答案。

我鼓励力克在这方面发展，因为一些好的就业机会都与数学和电脑有关。台式电脑、笔记本电脑很快会成为很多行业的工作标配，而力克对电子游戏非常着迷，所以对键盘、鼠标和操纵杆都操作得非常熟练。上高三时，他到布里斯班阳光海岸的伊丽莎白女王二世朱必丽医院的咨询台当实习生，负责接电话、记录工作日志。他的薪水很高，反响也很好，但他并不喜欢整天在办公桌前工作。

倾听孩子的意愿和决定

俗话说：“人类一思考，上帝就发笑。”要是上帝知道我考虑让力克成为以摆弄数字为生的人，他一定会笑掉大牙。在帮助残障孩子实现自立这件事上，没有必成的方法或绝对可行的计划。倘若有能力，最终，他们得自己做决定。对有特殊困难的人来说，要想做到自立自足，需要很强的动力和毅力。作为父母，我们能做的只有支持他们，帮他们全力以赴。

力克有时候觉得我是在逼他学习，有违他的意愿。我父亲跟力克比较亲近，他常到学校接力克放学。连他都插手干预，说我对力克的期望过高了。父亲对我说，在找工作谋生这件事上，我不应该像对待正常孩子一样望子成龙。

我对父亲说，我们都看到了，力克能做成很多事，令大家刮目相看。事实上，对力克的不同凡响，我和杜什卡已经见怪不怪了。现在再看到力克有优异的表现，我们只是耸耸肩，说道：“这就是力克，永不止步。”

后来，我们才知道，力克找到了他的“翅膀”和中意的职业道路。而助了他一臂之力的人，大家绝对想象不到，竟然是他中学的门卫。

没有谁的存在是个错误

力克转到朗科恩中学之后，每天放学不能坐公交车回家，因为我们家跟学校不在同一个区。于是，他往往得等着我们去接他，而我们的下班时间却总是比较晚。

力克放学后常常得在学校逗留一个小时，我们才能到学校接他。在这段时间里，他结交了几个朋友。如果朋友不在附近，他就去找学校的门卫阿诺德聊天。仅从这个职务，我们无法看到此人的精神世界及其贡献，但他是力克和许多学生的良师益友。力克说，阿诺德先生平和而虔诚，“从内向外散发着魅力”。

阿诺德眼光独到而睿智。在开放周活动中，他注意到力克没有几个朋友，孤单而消沉，于是就与力克交上了朋友。在力克等我们接他的那段时间里，他俩常常在教学楼大厅里聊天。

阿诺德在学校里组织了一个基督教青年团契[①]，在午饭时间交流、发言。有一天，他邀请力克加入。在此之前，力克与学校里的基督教学生交往不多，但他喜欢阿诺德，于是就答应

---

① 团契：伙伴关系，指上帝与人之间相交和基督徒之间相交的密切关系。广义的团契也可指教会和其他形式的基督徒聚会。

了。前几次活动中，力克并不积极。阿诺德一直鼓励他，让他谈谈自己及信仰，阿诺德说：“力克，大家都想多了解你。”

终于，力克答应在下一次活动中发言。此前，他一直孤单而寂寞。他觉得可借此机会让别的孩子知道，这个坐轮椅的家伙与他们并无不同。他太紧张了，于是就把发言要点写在小卡片上。

力克在那次活动中说的都是肺腑之言。他说了作为新生的感受，说他身体与众不同，但同样渴望被接受和赏识。力克对他们说，有些同学嘲笑他，因为他们猜想他除了身体残障外，精神也有问题。他坦白地说，他有时候无法理解，慈爱的上帝怎么会让他生来没有四肢。他怀疑自己的生命是否有意义。“我尽力维持信念——我的存在不是一个错误。”他如此说道。

听完他的故事，大家都深受感动，也因他的善良、虔诚、勇气而深受启迪。我常想，力克的公共演讲事业就是从那一天开始的。那次发言之后，力克觉得长久以来压在心里的一块石头放下了。他差点儿大哭起来。看到在场的同学同样激动，他很惊讶。在力克发言结束时，很多同学眼里都含着泪水。

“我讲得不好吗？”力克问阿诺德。

“不，力克，你讲得棒极了！”

力克原以为阿诺德是在说恭维话，可随后，一位同学邀请力克去为他所在的教会青年团契发言，还有的同学问他能否到其主日学校班上演讲。很快，力克就接到很多教会团体、青年社团、学生俱乐部的演讲邀请。

我和杜什卡对力克早期的演讲活动并不知情。他并未向我们提及，但我们注意到了他的变化。他对学校的态度变得积极起来，对去教堂参加礼拜也更感兴趣了。几个月过后，力克对我们说，他想入教，终生不渝。

没人能改变自己的过去，但我们能改变未来

我绝不是说上帝做事鬼鬼祟祟，但他总是难以捉摸，就像个下棋高手，总能比对手多想六步。之所以这么说，是因为在开始校园演讲事业时，力克第一次在现场听了励志演讲家雷吉·达布斯的演讲。雷吉是个美国人，他为全世界很多年轻人做过演讲。

当天，在力克的学校里，雷吉迷住了近 1400 名学生。在演讲中，雷吉对信仰之力、决定之重要做了令人信服的阐述。他对学生们说，他的生母是个妓女，18 岁时生下了他。在怀上他之前，她带着 3 个孩子住在鸡窝里。她本想做人流，后

来向曾经帮助过她的一位中学英语老师求助，随后打消了流产的念头。

那位英语老师姓达布斯，她收留了雷吉的妈妈，并在雷吉出生之后收养了他，而那时她跟丈夫已经养大了 6 个孩子。雷吉上小学时得知了生母的情况，此后很多年都陷入迷惘之中。后来，他遇到一位基督教牧师，后者对他说，他是上帝的孩子，天父对他的爱始终不渝。

我不知道雷吉对其他孩子的影响，但他一句直白的话令力克茅塞顿开：“你无法改变自己的过去，但你能改变未来。”

找到人生之路

每个孩子，尤其是残障孩子或特殊孩子都应知道一个道理：他们或许困难重重，但他们有能力活出精彩的人生；只要心怀信念，相信一切皆有可能，他们就绝不会孤单。

我相信，是上帝把雷吉带进力克的生活的，为他指引道路。在听雷吉演讲之前，力克只做过少数几次公共演讲，但雷吉那天的演讲使力克明白了：通过分享自己的人生经历，他可以给人产生积极而重大的影响。不久之后，力克就将其付诸实践了。那是他首次大型演讲，听众有近 300 人。

力克学着雷吉的样子，向大家讲述了自己的故事，与大家分享了自己没有四肢、努力争取外界认可的经历和感想，以及如何找到人生的目标和意义。他说，久而久之，他对信仰有了新的理解。同时，在亲朋好友的帮助下，他明白了，他的人生有意义，而他正是为此而生的，生得很美。

“你们也是如此。”力克对在场的青少年听众如此说道。

听到这里，一位女生哭了起来。出于关心，力克停下演讲，却不知该怎么做。令他惊讶的是，那位女生举起手来，问她能不能上去拥抱一下力克。力克此前从未遇到这种情况。

力克请她走上前来。她擦了擦眼泪，走到大厅前端，与力克相拥数分钟之久。在场的所有听众（老师和学生都包括在内）都已热泪盈眶。那位女生在力克耳边轻声说道：“从没有人说我这样子就是美。从没有人说爱我。你改变了我的人生，你也是个很美的人。”听到女生的话，力克震撼不已。

在演讲中，在书里，力克常常会提到那一刻。他说那一刻改变了他的人生。他曾目睹雷吉·达布斯的听众在感动得热泪盈眶时还能深受启发，而当那位女生拥抱着他，说他改变了她的人生时，力克才意识到——他自己也有如此深远的影响力。

力克找到了人生的目的，那是上帝给他在世间的使命。突然之间，他想明白了，连没有四肢的事也想明白了。他明白了，上帝给他这样一个身体，就是让别人在他开口说话之前就感受到其深刻的意义。

人们在第一次见到力克时，立刻就能明白他在生活中有各种艰难困苦。接着，他们会看到他散发着勇气、温情和乐观心态的笑容。他们就能明白，力克早就克服了这些艰难困苦。不用力克开口，大家就能明白，力克即将与他们分享的内容极有价值。

来自父亲的忧虑

我要向大家坦白，关于力克想成为国际演讲家的志向，我是后来才认可的，因为我不明白儿子怎么可能用演讲来养活自己。我对雷吉·达布斯了解不多，但我知道他得满世界奔波。我无法想象力克坐着轮椅，坐着飞机、火车、汽车整日劳顿。对他而言，不断四处奔波的日子不好过。

毕竟，我是做父亲的，一旦牵扯到孩子，一旦孩子的能力超出我们的预料，我就有些畏首畏尾。我和力克的母亲会十分谨慎、保守，因为我们不想让孩子吃苦。当力克说要当一名职业演讲人时，我的问题是：“你有什么可讲的呢？”

而他的回答无法令我信服：“我还不知道。”

我不想给他泼冷水，但我不认为他成年之后有能力凭演讲的收入养家糊口。我没有嘲笑他的志向，但我执意让他先继续完成学业，拿到商业或会计学位。如此一来，一旦他公共演讲的梦想不能实现，还能有条后路。

在找工作这件事上，我还是拘泥于传统思维。力克有数学天赋，但他热爱演讲。我们达成妥协：他同意去拿财务规划和会计专业的双学位，在业余时间做演讲。

力克考入大学时，我很高兴。我知道他还在演讲，但我不知道他是真把演讲当回事儿了。直到有一天，一位名叫约翰·海曼的绅士来家里拜访，自称是力克的演讲培训师。我承认，力克是真动脑筋了。如果大家曾见过演讲高手的样子，就一定会注意到，他们总是在讲台上走动，挥舞手臂，做各种手势。力克没有四肢，走动不便，所以他在演讲时得用声音以及超人的眼神交流能力去抓住每位听众的注意力。

做父母的未必知道孩子的远大志向

父母往往看不到孩子的雄心壮志，或许是因为我们多年来习惯了叫他们起床上学、唠叨着让他们做作业，已经变得麻木了。父母似乎已经形成了思维定式，要为孩子做所有事情。即使孩子已经长大，开始寻找自己前进的动力了，我们的观念还是不会改变。我曾听别的父母说，他们突然发现原先懒散的孩子变得刻苦努力、发愤图强、专心致志，他们为此惊讶不已。他们竟然不知道孩子有这种潜力！

我们常说，从力克会说话时开始，他就永不止步。这一点在其演讲事业上也得到了体现。力克有志成为一流的演讲家，其志气和干劲儿令我吃惊。他抓住每一次演讲机会——他毛遂自荐为人演讲，不论听众愿不愿意听。最初，力克的大多数演讲是没有报酬的。他关心的不是挣不挣钱，他的目的是积累经验、提高技巧，学一技之长。在大学期间，他的有偿演讲越来越多。由此，他想把钱存起来，准备以后买栋房子。

将要到 20 岁时，力克攒够了钱，为一栋小出租房预付了定金。他还剩了 2 万澳元。我们为他骄傲，因为这是他全国各地做演讲辛苦挣来的。

我之所以觉得力克不适合演讲这个职业，其中一个关键原因是，他不能自己开车去演讲地点。我和杜什卡工作很忙，又家务缠身。我不知道力克如何出行，但他想出了解决办法。

我记不清用了多久才明白过来力克的妙计。弟弟亚伦一拿到驾照，力克就聘他当司机。说实话，我不知道力克是不是真的给过亚伦钱，不过亚伦给他开了那么久的车，他一定得到了某种回报。不然的话，他也不会载着力克走遍澳大利亚了。但我尚不知，力克还在酝酿更大胆的出行计划。

快到 20 岁生日时，有一天，力克宣布，他打算去南非，他要用 2 万澳元积蓄为那里孤儿院的孩子买生活用品。更令我们震惊的是，他要带弟弟亚伦同行。

力克的生活从不枯燥无趣，但这个消息太过震惊了，还是三连击：

南非？

所有积蓄？

带弟弟同去？

我和杜什卡有朋友居住在南非，我们知道那不是个热情好客的地方。当时，纳尔逊·曼德拉[①]刚刚获释，结束种族隔离的谈判刚刚开启，但南非仍然非常混乱，抗议者和各派政权之间经常发生激烈的枪战。

“为什么要选南非呢？”我们问力克。

力克的回答又一次无法让我们信服。他说，他是响应一个人的召唤。这个人力克尚未谋面，他对力克说南非的孩子需要听听力克的演讲。这个南非人名叫约翰·平戈，他在网上看过力克的视频，就通过网络联系上了他。约翰是基督教会的活跃

① 纳尔逊·罗利赫拉赫拉·曼德拉（Nelson Rolihlahla Mandela，1918—2013）：南非黑人领袖，因在废除南非种族歧视政策方面做出了巨大贡献而于 1993 年荣获诺贝尔和平奖。

分子，他深受力克视频的鼓舞，为他安排在南非巡回演讲。大多数演讲场所是教堂、学校、孤儿院，但有几处是在监狱！

仁善之心，不该计较

力克未与父母商量，就同意了巡回演讲的事。他已与约翰在网上联系了数个星期。力克听说了南非孤儿的惨状后，深受触动，就决定散尽积蓄来帮助他们。

“你真要全部捐出去？”我问力克。

“爸爸，你和妈妈常常教导我们，要多付出、少索取。我就是要这么做。”力克如此说道。

天啊，我们有太多《圣经》哲理想让孩子记在心里，但有时候很想在后面附上条件，以保证其可行性。比如说，我希望在教导力克时把话说完整：要多付出、少索取，底线是你能养活自己。

我们尽力培养孩子的仁善价值观。我们强调，他们要把仁善牢记于心，这样才会真心实意地与别人分享他们的福分。我们希望他们有责任心、能助人为乐，这些道理与力克的天性甚为契合，他这就要身体力行了。

看到力克这么仁善、助人为乐，我们很欣慰，但我们不愿让他连自己的生计都弃之不顾。力克提醒我，我总是跟他讲耶稣的事迹，耶稣为了世人的罪而牺牲了自己。

“我是按你的教导在做。”力克如此说道。

我和杜什卡尽力做他的思想工作，表示支持他的善举，但他得保证自己的生计才行。

“力克，你要是倾囊相授，今后就得靠接受救济过日子了。哪怕你把出租房卖了，把所有财产都捐了，也不能满足世上所有人的需求。所以，更好、更明智的做法是给自己留下足够的生活费用，从积蓄中拿出几千澳元捐赠给那些孤儿。”

我劝力克，基督教的行善是在确保维持生计的前提下资助别人。如此一来，捐助者就不会转而成为社会的负担。我对他说，《圣经》中信徒保罗说过——我们应辛勤劳作，留够自己的，把其余的赠予别人。

力克用《路加福音》（6:38）来反驳我：“你们要给人，就必有给你们的，而且用十足的升斗……因为你们用什么量器来衡量给人，也必用什么量器给你们。”以及《马太福音》（19:21）：“你若愿意做完全人，可去变卖你所有的，分给穷人，就必有财宝在天上，你还要来跟从我。”

接下来，他引用的是《箴言》：“有施散的，却更增添；有吝惜过度的，反致穷乏。好施舍的，必得丰裕；滋润人的，必得滋润。”

他最后以《哥林多后书》(9:7) 结束：“各人要随本心所酌定的，不要作难，不要勉强，因为捐得乐意的人，是神所喜爱的。”

《圣经》说父母要教导孩子，但在这件事上，恐怕我们把力克教导得太好了。力克深信，倾其所有捐助南非孤儿是正确的。他向我们保证，从南非回来以后，他就参加更多演讲活动，再把钱攒起来。

力克的南非之行

力克决定去南非，把所有积蓄用于慈善活动。说实话，我和杜什卡无力反对他的这一决定。我们更担心的是安全问题，还担心他要带亚伦同行。力克原本叫了两个表哥一起去帮忙，但其中一个退出了。力克说他需要亚伦的协助。

亚伦是个好弟弟，总是支持力克的决定。在力克的演讲活动中，亚伦为力克推轮椅，做护理工作。力克说，此次南非之行，亚伦也要为他做同样的事。我的意思是，力克已经成年，有了事业，可他弟弟刚 18 岁，还在上学，还住在家里。我们怎能放心让他俩听从一个从未谋面之人的安排去南非呢？

“这个约翰 · 平戈到底是什么人？ ”我们问力克。

力克把约翰的电话号码给了我们，说约翰会回答我们所有的问题和担忧。我跟约翰在电话里谈了谈，他似乎是个成熟、有条理的人。他对此次巡回演讲非常投入，甚至卖了汽车以供途中花费，他也为孤儿捐了一笔钱。他再三向我们保证，力克和亚伦的安全没有问题，衣食住行均有保障。

随后，我又跟亚伦谈了谈。他说，当力克向他谈及南非之行的打算时，他有些犹豫。他最初的反应是拒绝："我可不想被狮子吃掉。"

后来，他打消了顾虑，不再认为此去会成为猛兽的盘中餐。他变得热切起来，同意陪伴力克成行。我和杜什卡并不激动，但我们不能抹杀两个孩子的这次机遇。

力克和约翰·平戈向我们保证，说此行一定会安然无恙，还说会一起看管好亚伦。我和杜什卡放行了。在他们离开期间，我们俩惴惴不安，总睡不好觉。我们很难与他们保持联系，因为他们去的很多地方都没有手机信号，有的地方甚至连座机都没有。他们去了开普敦、比勒陀利亚[①]、约翰内斯堡，其间全凭约翰从叔叔那里借来的一辆面包车赶路。

倘若我和杜什卡知道约翰·平戈并非我们想象中那么年长持重，那么，他们在南非期间，我们俩恐怕会彻夜难眠。

---

① 比勒陀利亚：2002 年更名为茨瓦内。

当孩子展翅高飞

父母已习惯对孩子的掌控以及为他们做决定。孩子成年之后，他们就想自己拿主意。对父母而言，放手很难，更难的是眼睁睁地看着孩子犯错。我们只能盼着他们能从吃亏和犯错中、从我们的教导中积累经验和教训。我们得给孩子自由，让他们独自飞翔，即使最初看着他们吃亏、上当也要如此。我们只能盼着他们有一天能展翅高飞。

出于以上原因，我们不愿力克去南非。从法律上讲，力克已经成年，所以，我们更担心的是与他同行的亚伦。事实上，我对力克说过，倘若在他的监管下亚伦有什么不测，我将永远不会原谅他。他们出行期间，我和杜什卡整日焦虑不安。

谢天谢地，他们带着独立的喜悦从南非险境中安然而返。离开两周之后，他们如期返回家中。他们俩都说，目睹了当地的贫穷和饥饿，看到当地人在那么恶劣的条件下仍保持快乐和感恩之心，他们的人生受到了深刻影响，发生了改变。两个孩子捐出了力克的积蓄，以减缓当地人的苦楚。我们想难过却难过不起来，因为他们用这些钱为孤儿院的孩子们买了生活必需品、器具、体育用品和小礼物。他们此行经历了很多危险，但我相信，他们有些险遭意外的情况至今没敢跟我们说。

后来，他们跟我和杜什卡坦白，说约翰·平戈其实只有

19 岁。我大吃一惊。力克和亚伦原先跟我一样，都觉得约翰即使没有 40 岁，也得 30 多岁了，因为他在电话中的言谈很成熟。见面之后，他们才发现，约翰那是时势所迫，少年老成。

约翰在南非南部奥兰治自由邦的一个畜牧场长大，少年时曾与一伙坏人厮混，但最后洗心革面，成了一名热心的基督徒，甚至还办过一家货运公司。约翰认为，他为力克安排的此次巡回演讲，是他对本地穷人的爱心礼物。谢天谢地，约翰是个可靠的活动组织者和向导。时至今日，我们已跟他及其家人成了好朋友。

满载收获的南非之旅

力克出发时，并未选择安全路线。从此之后，这也成了他的“飞行模式”。他敢去世界上最危险的地方，比如，南美洲的监狱、性奴聚居的棚户区、孟买的贫民窟。在孟买，他与造成 20 人死亡、100 多人受伤的炸弹爆炸事件擦肩而过。

亚伦告诉我，他们到达南非之后，就开车去约翰内斯堡。他看到路边有个牌子，上面写着“谨防砸窗抢劫”。亚伦问约翰那是什么意思。约翰解释道：“意思是在这片地区，有人会来砸车玻璃抢东西。”他们赶快把车门上了锁。但是，他们并未回头。

我和杜什卡以为，力克或许能发现四处奔波并非他能胜任的事。身为父母，在孩子走出家门时，我们总想保护他们。有时候，我们觉得孩子志向太大，就希望他们能收敛一些、现实一些，身上的担子能少一些。

我们总是在想，力克在那次巡回演讲中一定疲惫不堪。偏远地区物资匮乏，食宿条件极差，让人很难坚持下去。再想象一下，若是没有四肢，不能拍打咬人的虫子，甚至口渴时都不能拿起瓶子喝水，那会是怎样的情形。对力克来说，因为脊柱的问题，他连长时间坐车、坐飞机都是煎熬。在坐飞机时，他曾数次躺在行李架里。不过，那只是开玩笑，在乘客打开行李架时吓他们一跳。

力克到世界上大范围贫穷、悲惨的地方去，尽力地鼓舞人心、传播福音。我们不禁好奇，他在返回时会不会感到身心疲惫、不知所措？他会不会发现他那 2 万澳元对当地的贫困而言只是杯水车薪？他会不会沮丧而归，从此放弃梦想？

没有，这些都没有。力克回来时，身体疲惫，但精神振奋。他和亚伦对南非及其人民着迷不已。那里的贫穷令人痛心，生活物资匮乏，疾病肆虐，人们普遍营养不良。但他们吃惊地发现，当地人有那么多欢笑和歌声，其对信仰是那么虔诚。他们喜欢听当地人随口的吟唱和非洲风格的合唱。看到那里的儿童和青少年在如此艰苦的条件下还能快乐歌唱，他们感到非常震撼。力克去南非原本是要给当地民众带去希望的，但回来时，他却因当地人坚忍的精神而大受启迪。

每个孩子都有长出翅膀的一天

父母都知道，总有一天，孩子得独自去飞翔。这件事很有趣，因为我们害怕那一天的到来，更害怕孩子会拒绝离开或去了又回。残障孩子和特殊孩子的父母对这个问题更为矛盾。

力克长大成人，完全能养活自己和妻儿。对此，我和杜什卡深感庆幸，也常常感谢上帝。有很多父母，其孩子有严重残障，很难或根本无法自立。作为这样的父母，只能尽最大能力抚养他们，怀揣信仰，寻求一切可能的支持。

大家或许知道，作为演讲家和福音传道者，力克得不断出差。上次我问他时，他已经去过至少 44 个国家。他曾在一次为期 12 个月的巡回演讲中走过 24 个国家。他鼓舞了全世界数百万人，在他的感召下，数千人皈依了基督教。

我们教导力克，以信仰和家庭为根。他长出了翅膀，不受局限，勇往直前。作为父母，我和杜什卡本应将功劳据为己有，但我们都知道，力克的辉煌人生源自天父的设计和指引。我们播下种子，别人浇了水，但正像《圣经》里说的那样，“是上帝使它生长”。我们的孩子生来没有四肢，却成长为一个引领全世界民众与上帝同行的人，我真的觉得这很了不起。

温馨提示：

或许，为让孩子在成年之后有成功的人生，你能给他们最好的礼物就是：一个无条件的爱搭建的根基，一套指导他们前行的价值观，一个人生总有目标的信念，还有一个永怀希望的心态。

在孩子小时候，特殊孩子的父母往往是过一天算一天，因为他们能做的只有这么多。这也是恰当的生活策略。但是到孩子十多岁时，其父母就得开始考虑孩子成年之后能否或能在多大程度上实现自立、养活自己，并帮助他们做好这一人生阶段的准备。

成年人若是患有自闭症、身体或智力严重障碍、唐氏综合征，那就无法自立了，所以，其家长就得事先咨询医生、心理治疗师、老师、律师，了解其能力和弱点，再竭尽所能确保孩子得到保护和支持。

没有父母想约束孩子的手脚。所以，如果你的孩子找到了职业道路，只是有点儿不切实际或过于远大，那么，你就要指导他制订后备计划，帮他学会必要的知识和技能。

总有一天，孩子会宣布独立，离家而去，你要早有心理准备。你抚养长大的这个人，或许会令你刮目相看。

NINE

Growing Together Not Apart

第九章

父母也要和孩子共同成长

更好地维持婚姻，是父母的辅修课

几年前，我们与力克一起去佛罗里达，在那里遇到一对夫妇，他们 1 岁大的孩子也是天生没有四肢。那对夫妇喜欢看力克的视频和书，我们立刻觉得跟他们有种亲近感。我向他们讲述了养育孩子的艰难困苦，这时我发现，那对夫妇一个 25 岁，一个 28 岁，跟力克出生时我们夫妻俩的岁数相近。我还发现，作为没有四肢的孩子的父母，他俩比我和杜什卡在孩子小时候做得要好。他们解释说，他们的经历有两个关键地方与我们不同。

怀孕早期，他们在做超声波检查时，医生就发现胎儿没有四肢。医生说这是残疾，遂建议他们流产，但他们不同意。在待产的数月时间里，他们有充足的时间安抚悲伤并接受现实。

第二个与我们不同的地方是，他们有现成的榜样可供学习借鉴，那就是我们一家。那对夫妇说，他们决定把孩子生下来养大，是因为他们看过力克的视频、读过他的书、听过他的演讲。力克给了他们希望。因为力克，他们意识到，他们也能让孩子过上丰富多彩的生活。

我和杜什卡深感欣慰，因为我们“完美有缺”的儿子能成为别人的楷模，帮助那对夫妇做好了准备，以迎接没有四肢的儿子降生。同样地，我们希望我们养育力克的经验能帮助其他父母养育其残障孩子。

到此为止，我在书中记录了很多养育力克时遇到的困难，还谈了我们的情感波折及找到的解决办法。在本章中，我想把话题转到父母身上，因为他们是孩子最大的依靠。

我的根本建议是：要想照顾好孩子，首先要维持好婚姻。《马太福音》（7:24–27）中阐述了对婚姻的真知灼见：

> 所以，凡听见我这话就去行的，就好比一个聪明人，把房子盖在磐石上。雨淋，水冲，风吹，撞着那房子，房子却不倒塌，因为根基立在磐石上。凡听见我这话不去行的，就好比一个无知的人，把房子盖在沙土上。雨淋，水冲，风吹，撞着那房子，房子就倒塌了，并且倒塌得很大。

在力克出生及其后几年时间里，我和杜什卡的婚姻经历了各种“风吹雨打”。经济压力，医疗问题，夜以继日照顾一个特殊孩子，这都是会撕裂夫妻关系的潜在破坏因素。为给予残障孩子所需的照料和支持，夫妻俩必须细心维持婚姻，巩固其基础。照料残障孩子会带来巨大的压力，瓦解夫妻的婚姻和爱情。倘若夫妻二人不设法携手共进，而是自己顾自己，他们在婚姻中建起的一切都会因愧疚、羞耻、气愤、疑心、误解而崩塌。

大家都要牢记一点：因为成长背景、经历、思维方式及其他复杂因素的不同，每个人应对危机的方法是不一样的。丈夫和妻子可能应对方式不同，情绪表现不同，投入程度不同，崩溃点不同。夫妻二人应该把注意力放在二人的共同点上——孩子的幸福和婚姻的纽带。如若不然，以上种种不同就会令境况雪上加霜。

我和杜什卡的婚姻当然也经历过很多紧张时刻。说实话，我一直试图把那些不快从记忆里抹掉。重要的是，我们的婚姻坚持下来了。今天，我们正享受其回报。我们一家完好无损，充满爱心，我们正处于人生中最美好的时刻。

是对夫妻感情的考验，也是一次机会

多年以来，别人常对我们说：“你们一定为力克骄傲，你们一定是特别的父母。”的确，我们的确非常为力克骄傲，他的成就、心态、信仰和对人生积极的看法，都令我们无比自豪。我和杜什卡都是第二代移民，我们是普普通通的中产家庭，我们最大的优势其实与所有信徒一样。杜什卡有一次接受采访，在谈及力克及其妻儿时，她就说到了这一点：“我们只是尽我们所知，尽我们所能，所有父母在这种情况下都会这样做。其实，这一切都是上帝做的，不是我们。”

力克出生时，我曾怀疑过上帝的爱。我是一个凡人，不是超人。说实话，我是个普通人，甚至还不如普通人。我并不坚强，甚至有些软弱。所以，力克大约 2 岁时，一位朋友说了一句话，我简直不敢相信自己的耳朵。

她说：“力克不可能有比你们更好的父母。”

她说的其实是恭维话，意思是我和杜什卡能胜任养育严重残障的孩子，但我们不敢自视过高。

生活推着我们前行，在此过程中，我们既感到压力，又感到庆幸。我们的压力并非因为力克，而是唯恐不能胜任，无法给他提供成功人生所需的条件。我们觉得庆幸，是因为力克的意志是如此坚强。而且，我和杜什卡当时虽然结婚只有 5 年，但我们的婚姻基础很牢固——我们的感情纽带牢不可破。我们的婚姻经历过考验，但历久弥坚。我们俩彼此扶持，给力克最好的照顾、最好的童年。我们知道，我们得努力维持牢固的婚姻，为儿子提供所需的一切。

我们得知，很多单身父母在养育孩子方面做得很优秀。他们做出巨大的牺牲，承受艰难困苦，忍受孤独，给孩子所需的一切。大多数父母都是英雄般的人物，为孩子任劳任怨，但他们大部分人都会一致认为，如果丈夫（或妻子）能分担一下，将会轻松很多。

父母抚育孩子的方式不同，但不论是父亲还是母亲，都对孩子的一生有巨大影响。事实上，父亲并未得到应有的尊重。人们通常是把他们视作养家的人，而非育儿的人。《个性与社会心理学评论》杂志最近在全球开展了 35 次调研，涉及一千多个孩子。其结果显示：在孩子的性格发展中，父母分别起到关键作用；任何一方的缺失，都会影响孩子成年后的情感和心理健康。

研究发现，父亲对孩子的行为影响很大，还会影响孩子日后是否会变得酗酒避世、吸毒或产生精神问题。这就是为什么在养育残障和特殊孩子时，夫妻二人务必相互扶持、团结一心。

力克 2 岁时，我们不再纠结于其残障的缘故，而是把注意力放在了如何把他抚养成人上面。当时，我们压力很大。还好，在力克出生之前，我和杜什卡已经结婚 5 年，已相对沉着一些了。

头胎孩子往往会考验夫妻关系的牢固程度，若头胎是个严重残障的孩子，夫妻二人的压力会成倍增长。在家里安顿下来之后，我们的压力小了很多。婴儿时的力克跟正常孩子一样，需要大人给他换尿布、喂食，我们则借机调整。很快，我们就坦然地接受了生活的新常态。后来，我和杜什卡还自嘲，说我们是最适合给力克当父母的人。这成了一个经久不衰的笑话，常常带着反讽的意味，在生活不顺或遭遇艰难困苦时提起："换了别的夫妻，绝对做不到这种程度。"

我们往往在说出这句话时伴着大笑，可心里却五味杂陈。每个特殊孩子的父母都会跟你说，他们的情感历程就像坐过山车一般。生活的压力会使婚姻变得麻木，会使夫妻劳燕分飞。但这也是个巩固夫妻感情的机会，以使婚姻变得牢固而有韧劲儿，以历经艰难险阻，终生不渝。

重压下的婚姻应对六策

在养育力克和另两个孩子的过程中，我和杜什卡经历了风风雨雨。回想两人一心攻坚克难的情形，我们总结了一些有用的经验。当然，它们并非放之四海而皆准。前文中我曾提到过，与我们抚养力克相比，很多残障和特殊孩子的父母比我们难多了。那些身体或智力严重障碍的孩子的父母，看到他们那令人难以置信的坚强、耐心和勇气，我们满心敬畏。不过，对因抚养孩子而不堪压力的父母来说，我们的这 6 条建议应该是有帮助的。

我不敢说我们是有意为之，因为在此过程中，我们也有走神、失误的时候。世事难料，并非事事如愿。我仔细考虑过这 6 条经验，以判断其可行性。说实话，我们是在犯了很多错后，才总结出了这些经验。一旦发现可行之策，我们就持之以恒，再接再厉。大家或许会发现，其中有的经验是很有用的，既能帮助大家稳固婚姻，又能帮大家解决养育孩子的困难。

以下即是我们的 6 条经验：

1. 成立力克工作团队，各司其职，承担责任，彼此支持。

2. 做出调整，以适应父母的角色。

3. 尽可能地频繁交流情感和心事，防患于未然。

4. 牢记婚姻的初衷，拿出时间重温往事，强化婚姻的纽带。

5. 利用好手头的各种资源，包括亲朋好友、牧师、各级各类慈善机构、专业的心理治疗师、互助小组、可信的网站等。

6. 心怀感恩，保持欢笑，放松心情。

下面，我们逐条分析。

1. 成立力克工作团队

倘若孩子有特殊需求，哪怕是日常事务，也会令父母不堪重负。如果总想着将来的种种不确定情况、孩子成年后将面临的艰难，那只会徒增压力。父母极易陷入绝望和消沉中，除非做到彼此支持、尽力而为，着眼于解决办法，而非执着于困难本身。

婚姻和爱情需要一定程度的无私，不再想着自己，而是想着两个人。而力克的身体障碍要求更甚，我们不能只想着两个人，而是三个人。我们组成了力克工作团队，关注他的生活和成长。与此同时，我们俩尽量保持亲近，拿出时间共同相处、交流感情。

当然，这种情况会随时间而改变，这一点需要新生儿或幼儿的父母牢记。孩子出生会带来各种情感问题，还有他们的学习曲线，以及他们对生活方式的影响，最初几年基本上是最困难的时期。大家要记住，一旦生活变得有规律了、常态化了，这些压力就没有了。你们的育儿水平会越来越高。不要觉得你们必须变得十全十美，也不必总得有解决之道。不论是对自己、对配偶、对孩子，都要保持耐心。

优先为另一半考虑

结婚 5 年之后，杜什卡怀孕了。我们知道人生将会发生巨变，却未料到一个没有四肢的孩子会给我们的生活带来怎样的改变。倘若我们俩之间任何一个人在最初的自怨自艾和悲伤中无法自拔，那我们可能早就分道扬镳了。但我们没有。其部分原因是我和杜什卡都是移民家庭的后代，我们的祖辈和父辈经历了重重艰辛，他们不能容忍软弱。从一开始，他们就说得很清楚，他们也要加入力克工作团队，与我们共同抚养力克。

在长辈的影响下，我们俩也坚强起来了。我和杜什卡同心协力，成了有共同目标的父母。我们相互支持，养育孩子，处理各种问题：医疗专家、辅助器械、家庭开支、心理治疗师、保险、教育……力克小时候需要照顾时，我们换工作、调整工作时间，以保证二人之一能常伴他身边。

另外，我和杜什卡两家的经济情况类似。我们都出身于低收入家庭，过着慢节奏的生活。杜什卡不想要豪宅，我也满足于经济适用型的汽车。我们一直生活在有限的条件之下。随着力克的出生，我们的口袋更紧了。我们的经济能力有限，而力克的需求成了我们的当务之急。

在这个人人为己的世界上，“无私”有时似乎已被人遗忘。但是，若要使家庭团结一心，就得把孩子和配偶优先考虑。基督教徒响应“世界的光”[①]的号召，将耶稣视作道德楷模，因为他为了世人所犯的罪而牺牲了自己。耶稣教导我们，要爱人如爱己。如果人人都能遵循此教导，世界将会变得更美好、更安全。虽然不能奢望人人如此，但至少，我们可以将其用在配偶和孩子身上。

在力克工作团队中，我和杜什卡或许并未做到彻底无私，但我们尽量优先为对方考虑，同心协力为力克提供他所需的一切。

亚伦和米歇尔出生以后，家里人口多了起来，力克也参与进来，大家相互支持、相互帮助。不论从哪一点来看，我们都不是一个理想化的家庭。从过去到现在，我们都不是十全十美的，但我们全家人紧密团结、相互支持，随时随地相互帮助，就像我们双方的父母和祖父母、外祖父母帮助我们抚养力克一样。这一家族传统在三个孩子身上传承了下去，他们仨都有仁善之心，都乐于助人。看到他们各尽其能，做出应有的贡献，我和杜什卡很欣慰。

① 出自《约翰福音》8:12。

2. 从各司其职到互相变通

养育残障孩子，困难重重。为了减少矛盾冲突，我和杜什卡不得不抛弃传统父母各司其职的观念。换句话说，我们得打破父母角色间的边界。

这件事对我们来说难度不大，因为我和杜什卡都有工作，所以，我们早就习惯了在家务、购物、三餐等事情上共同分担。力克出生之后，我们俩又形成了新的模式来分担责任。当然，在健康、育婴方面杜什卡是绝对的权威。比如说，我从不明白力克哭闹的原因，而杜什卡总是知道。

很快，我们就明白过来，养育力克需要我们俩的投入，竭尽所能保证力克的安全和健康，给他提供最好的成长环境。我不能像父亲和岳父一样，扮演老式的父亲角色，寄希望于妻子独立负责做饭、洗衣、打扫卫生等事务。杜什卡不能再继续做全职护士和助产士工作，寄希望于保姆、日托中心或亲戚帮忙照看力克了。

我们俩不得不丢弃原有设想，灵活处理，相互支持，轮流照看力克。这一点在力克出院后患上婴儿肠绞痛时尤其明显。后来，力克的婴儿肠绞痛好了，杜什卡在医院里上夜班，我们又得灵活处理照料力克的事。这是个难题，可别无他法。家里需要杜什卡的收入，以帮忙还房贷，此外还有生活、医药等各种花销。力克还需要有人 24 小时陪伴，所以我们只能相互扶持，尽力而为了。

力克能自主大小便之后，杜什卡就恢复了全职工作。虽说有双方父母帮忙，但这对她、对力克来说都不是易事。我们发现，即使把增加的收入考虑在内，让杜什卡在外工作也是不合理的。我们研究了一下缴税情况，然后决定让杜什卡一周只上 4 天班。如此一来，不会影响家里的税后收入，因为家里的收入减少了，但纳税等级也相应调低了。

于是，杜什卡就变成一周上 4 天班，她的压力减轻了，也有更多的时间陪孩子了。杜什卡热爱护士工作，倘若我们能让双方父母或雇人照看力克，她仍然会做全职工作。但是，她把照顾孩子作为首要之事。我们减少了一些生活花销，如此一来，她就能多陪陪孩子们了。

同样地，力克出生以后，我中止了会计学业，为的是在最初几年帮帮家里的忙。后来，我一边工作，一边恢复学业，为的是能拿到学位，换个好工作。我和杜什卡都做出了调整。我们必须变通。倘若二人中有一个拒绝调整和改变，我们之间肯定会爆发冲突。

发挥夫妻各自的长处，优势互补

“打破边界”还有一个意思，那就是不再拘泥于传统的夫妻职责，发挥各自的长处。比如说，妻子是个认证公共会计师，丈夫则要时常出差在外，那就应该由妻子来掌管家庭财政大权。就我们而言，杜什卡有大量医疗培训经历和医疗经验，所以在力克的医疗健康问题上，家里就是她说了算。我让杜什卡掌管这些事务，在有需要时才上前帮忙。重大决定需要两人商量，但我常常服从于她的专业知识。

倘若我事事都要当“一家之主”，在医疗方面对妻子指手画脚，那我就太蠢了，对力克也不是好事。在父母职责方面，我和杜什卡找到一个平衡点，它与自尊和性别无关，一切以家中需求和各自特长为出发点。

3. 夫妻间的交流是重中之重

对压力下的夫妻而言，交流非常关键，对特殊孩子的父母而言更是如此。心中有烦恼，就要立刻表达出来，这样才不会在日后酿成大灾难。事不遂心时，夫妻俩容易相互指责，但这往往会使问题雪上加霜。相互指责是毫无益处的。重要的、有利于解决问题的是——把话说清楚，达成一致意见，找出解决办法，携手处理问题。

我和杜什卡发现，我们俩相处的时间越久，就越喜欢交流，并且无须多言就能解决问题。相濡以沫四十载，我们俩已相知如斯、默契如斯。结婚之初，我们就学会了商量事情，力克出生后，这一点显得尤为重要，因为有太多重要的问题需要做决定：力克的医疗、教育，我们俩的家务和工作安排，还有家庭收支，等等。我们还常常搬家，而搬家是件大事，需要太多计划、调整和合作。

信仰疗法

早些年，在力克的问题上，我和杜什卡曾因与宗教有关的一个问题有过冲突。这是极罕见的，因为我们俩同属一个教派，都承诺矢志不渝地信奉基督教。那件事尚不足以威胁我们的婚姻，但我们争论得很激烈，因为二人都无法抑制情绪。而在有残障孩子的家中，这都是个有争议的问题。

力克出生后，我们祈祷斋戒，请求上帝降下神迹，让力克长出四肢。然而，祈祷无果，我们禁不住怀疑是否因为我们不够虔诚，或上帝还有未知的安排。

我们相信上帝有治愈之力，于是便开始讨论，是否该去有治愈术的教会或牧师那里求助。我们所在的教会没有治愈术。我的意见是，如果上帝打算让力克长出四肢，我们在哪里、属于哪个教会都无关紧要，并且无须借助凡间的媒介。而杜什卡则认为，只要能找到术士，试一试又何妨。她还数次谴责我，说我不够虔诚，还说我们将会失去使力克获益的大好机会。

信仰疗法，又称神圣治愈术、神愈术、超自然治愈术。长久以来，该疗法在基督教及其他宗教信仰中一直饱受争议。很多教派因其而分裂，很多信众因之转投别的教派。有些人相信信仰疗法，有些人则认为只有上帝能上演奇迹，还有些人认为世间奇迹在最初的传道者身后已经绝迹。

《圣经》中记载了很多信仰疗法的故事，施术者有耶稣、以利亚、使徒保罗等人。《圣经》里说，耶稣有时会拒绝施术，因为对方不够虔诚，所以他不愿降福给对方。

现代社会，有些宗教并不认可信仰疗法，却相信祈祷有治愈之力。有些人相信，上帝会在宗教仪式上借牧师之手治愈病患，只需牧师将手放在病患身上就能使其康复。力克小时候，我和杜什卡曾多次讨论过这个问题。

我能理解，杜什卡是出于母爱。我也爱力克，但我不愿造访一个个教会，希望碰上神迹。杜什卡家中支持她的亲人都说，为了力克值得一试。杜什卡问我："不试试怎么知道行不行呢？"

我还是认为，如果上帝打算在力克身上降下神迹，那么我们在哪里都是一样的。耶稣跟井边的撒玛利亚女人说话，她问敬拜之地是否最好是在耶路撒冷。耶稣回答，真正的信徒，只要时机到了，在哪里敬拜都是一样的。耶稣还说，祈祷时不要太过隆重，以吸引人们的注意，而是应该关起门来私下祈祷。他补充说，天父看到默默祈祷的人，会给他降福。

我相信，无论我们身在何处，上帝都能回应我们的祈祷。他不受时空的限制，也不需要凡间的媒介。可我的观点有些站不住脚，因为我们常常听人说，他们知道某个教会或某次布道仪式上发生了信仰治疗的奇迹。

当时，电视里在宣传几个信仰治疗术的牧师。杜什卡对此深切关注。我争论说，上帝的神力不是媒体奇观，他不会炫耀其治愈和宽恕的神迹。

成年之后，力克在世界各地做活动。大家都愿他四肢健全，很多人为他祈祷，可他还是没有四肢。即便如此，他还是找到了人生的目的。

比身体健全更重要的是心灵的健康

几年时间里，我强烈地意识到，我们得接受力克残障的事实，把生活继续下去。如果上帝有意治愈力克，他会有自己的安排，不会按我们的要求行事。我还看到，世间有太多需求，有太多人天生没有或后天失去了胳膊或腿。世间有那么多与力克相似，甚至比力克更严重的残障之人，上帝凭什么单单治愈力克一人呢？

我们随即释然，上帝更关心的是我们的心灵健康，而非身体的健全。这一点在《圣经》中有所阐述。耶稣在迦百农讲道，几个人用垫子抬着一个瘫痪的人前来，但人太多，无法抬到耶稣面前，他们就把耶稣上方的屋顶拆了。拆通之后，就把躺在垫子上的那个瘫痪的人从屋顶放了下去。

上帝做的第一件事就是说："孩子，你的罪赦了。"在耶稣看来，这是他最好的恩赐，因为这意味着这个人来世将升入天堂。在场的人问耶稣为什么。耶稣答道："对这瘫痪的人说'你的罪赦了'，或说'起来，拿起褥子行走'，哪一样更容易呢？但要你们知道，人子在地有赦免的权柄。"耶稣就对瘫痪的人说，"我吩咐你起来，拿起你的褥子回家去吧！"那个人就立刻起来，拿起垫子在大家面前走了出去。

正是这个原因，我才相信上帝更注重我们的心灵健康，而非身体的健全。我认为，我们应该给上帝时间，让他慢慢展现对力克的安排，而不是寄希望于信仰治疗术士。

力克小时候，有时候我带着他一起出门，就有陌生人走上前来说："总有一天，上帝会使他手脚俱全。"而我并不为这样的话而动摇立场。我相信上帝的神力，但我怀疑信仰疗法的宣传。我相信，如果上帝想让力克四肢健全，总有一天他会赐福给力克。

力克小时候，我和杜什卡一直在争论这件事。我尊重杜什卡作为母亲的立场，她迫切地希望儿子能有轻松一点儿的人生。我只是觉得，上帝会按照自己的"日程表"来展现他对力克的安排。我不愿力克及家人一处处拜访那些所谓的能施法治疗的地方，把力克交给那些所谓的术士，供其宣传、炒作之用。

到今天为止，上帝的奇迹尚未出现，但正如力克所说的那样，上帝通过力克的演讲，给数百万人带去希望和信仰，已经让力克化身为奇迹了。我认为这是我们每个人的人生目标：无论身在世界的哪个角落，无论境况如何，都要能像光一样给人启迪。《圣经》里说，"敬神加上知足，才是极大的得利之道""凡事感谢，因为这是神在基督耶稣里对你们的旨意"。这正是我们的守则和努力追求的目标。

我和杜什卡对信仰治疗的看法截然不同，导致了一些紧张情况。我们的讨论有时候会变成争吵，我们都情绪激动。家有残障孩子，会给婚姻带来类似的压力。夫妻二人要设法解决，绝不可以相互攻击、彼此伤害。在类似事件中，要始终牢记二人共有的目标和信仰。其实说到底，我们也知道，我们俩都是为了力克好。

4. 保持夫妻感情的活力

照料残障孩子，时刻都不能掉以轻心。这种情况会给家里的人力、物力及夫妻关系带来巨大的压力。我和杜什卡只要一得闲，就抓紧享受一下二人世界。这并非易事，我们的爱情之火也不是想燃就能燃得起来的。我们知道，要想给力克提供好的成长环境，我们的夫妻关系必须牢不可破。夫妻二人往往忙于养育孩子和挣钱养家，转而忽视了夫妻间的情感需求。

维系夫妻关系，关键是要记住二人当初对彼此的迷恋，并保持新鲜。夫妻之间的爱会使二人充满力量，有利于关爱孩子、养育孩子。力克还是婴儿时，很多个夜晚，我和杜什卡都因照顾他而身心疲惫。那时，我们能做的就是拥抱在一起，哪怕没有亲热，只是相拥而眠。

白天若要拿出时间共处以加深感情，近乎是不可能的。所以，晚上相处的时间对加深夫妻感情就尤为重要。有时候，夫妻俩的精力都放在特殊孩子身上，让他们拿出时间享受二人世界，他们会觉得愧疚。而我和杜什卡最终意识到，对力克而言，他更愿意父母亲密无间，也不愿意我们没日没夜地围绕在他身边。

每天，我们都会找个安静的时间共处，偶尔还会让亲戚帮忙照看孩子，我们俩借机出去享受一下二人世界。情感专家说，每天哪怕只拿出 20 分钟时间共处，也有助于巩固夫妻感情，以应对压力。结婚久了，婚姻之初的激情会渐渐消失，但是，即使用几分钟时间聊聊当初的甜蜜，也能使夫妻二人重燃激情。

每天找出 20 分钟时间，不谈家庭开支和医疗问题，而是握着手，或相互依偎，或一同出门散步，或共进浪漫晚餐……夫妻间的爱和承诺对孩子是件好事，影响深远。对我和杜什卡而言，我们的承诺不仅限于彼此，还有对上帝的承诺。《圣经》里说夫妻要白头偕老，我们俩恪守这一承诺。我们对彼此、对上帝有义务，所以，我们努力维持爱的活力和坚韧的感情纽带。

5. 积极求助，你们并非孤立无援

牧师和宴会主持人常讲的一个故事是，一位基督徒不断地接到洪水要来的警告，但他并不在意，因为他认为，倘若

洪水威胁到他的生命，上帝一定会降下神迹。结果洪水来了，他爬上屋顶，周围一片汪洋，水位还在不断上涨。小船、救生艇、直升机从他身边经过，但他拒绝好心人的营救。最后，他被洪水吞没，淹死了，其灵魂来到上帝面前。

“您为什么不降下神迹？”他问上帝。

上帝答道：“可怜的孩子，我发出了警告，我派了一艘小船、一艘救生艇、一架直升机。你还想要什么？”

我猜，在这个人眼里，只有天使加百列和挪亚方舟才算是奇迹吧。这则故事的寓意是：在等待奇迹期间，也不要放过救生艇。只要有帮助，就接受。这个道理适用于所有危机之中、重压之下的人，尤其适用于有残障孩子和特殊孩子的父母。

我和杜什卡知道，身心疲惫之时，夫妻俩只想回家、锁门、关灯、独自悲伤。力克刚出生时，有那么一段时间，我们就是这样。我们不顾外界的诸多援手，只是把自己隔绝起来。我们需要时间来消化这一人生巨变。

约一个月之后，我们才结束了“自我放逐”的生活，并最终接受了每一艘向我们驶来的救生艇。尤其令我们欢欣鼓舞的，是向我们伸出援助之手的亲朋好友、牧师、社会工作者、心理治疗师、政府救助、医学专家、当地服务机构，以及其他任何能帮助力克茁壮成长的人。

我们建议有类似困难的父母，要抓住一切可用的资源。你们并非孤立无援，你们身边有很多可用的人力、物力。不要太过清高，不要不愿接受亲朋好友的帮助和其他援助。网络能为你打开世界的窗口，你们在留意周围资源的同时，还可以上网获取海量信息。

你们首先求助的人，应该是孩子的医生、护士，以及老师和辅导员。他们术业有专攻，富有经验，能帮你们联系当地的相关组织机构。若想巩固婚姻、强化夫妻关系，也是同样的路数。不要害怕向人求助，求助不是软弱的表现。一个人需要智慧和勇气，才能发现自己的迷惘和不知所措。

我和杜什卡虚心接受牧师、亲戚、教友的建议和意见。在经济方面，我们因好心人为力克举行的募捐活动及各种捐款而得到了巨大支持。前文中我曾提到，杜什卡的家人为力克设立了教育基金，“国际狮子会”在轮椅和假肢方面给予了我们很大帮助。除了他们之外，还有一个组织给了我们巨大支持，那就是“蓝衣护士组织”。它是澳大利亚“蓝衣关怀组织”下的一家服务机构，他们在力克上大学期间为他派来了志愿护理人员。后来，力克一直积极为“蓝衣护士组织”筹集善款，以表达谢意。

家里的亲戚也来帮忙。他们帮我们看孩子，或帮我们去学校接孩子放学，好让我和杜什卡有空出门度假或忙里偷闲过过二人世界。我们只是普通的工薪中产阶层，财力有限，因此较为倚重亲朋好友。

当时，我们并不知道“临时看护”，但我们明白这个词的意思，这是一种针对有孩子的家庭或残障成年人的临时照料服务。其时间可以是几个小时、一晚上，甚至更长。临时看护者可以是亲友或专业护理服务提供方。如此一来，夫妻二人就得以休息，或是去看场电影，或是去上课，或是出去约会，或是出去短期度假。

我和杜什卡决定不在家里雇用全职护理，因为我们想有正常一点儿的家庭生活。并且，我们希望力克尽量自己的事情自己做。只要力克有需要，大家都会出力。我们发现，合作会使家人更加亲密。即使到了今天，我们全家人都在加州定居了，也是如此。

6. 给重压之下的另一半安慰和惊喜

《圣经》教导我们，在任何情况下都要有感恩之心。一帆风顺或收到美好的馈赠时，感恩很容易。我们会兴高采烈，这也是人之常情。孩子也属于美好的馈赠，其中包括“完美有缺”的孩子。此类特殊孩子的父母常跟我说，他们在养育孩子的过程中学到太多勇气、毅力和爱。只要谨记配偶和孩子是我们生命中的福气，那么，压力之下和危机边缘的夫妻关系就能得到改善。

《圣经》里说，耶稣治愈了很多麻风病人，可只有一个人向他表示了感谢。耶稣深受打击，他知道感恩本身就有治愈之力。夫妻往往忘记相互表示谢意。他们忙于日常事务和承担养家的责任，却忘了向这个与他们携手并肩、给他们安慰和支持的人表示感谢。

在这件事上，我做得不够好。我试过送妻子礼物，给她惊喜，但我选礼物的眼光很差。我在买礼物时往往是征求售货员或其他女顾客的建议和意见。偶尔，我买的礼物会合杜什卡的心意。而在我弄巧成拙时，她也从未抱怨过。我还试过请她吃惊喜晚餐，以表达谢意。有时候，我会在家亲自下厨，而杜什卡显然很喜欢我的表现，我也很感激她能欣赏我的厨艺。

杜什卡有一次也给了我一个惊喜。她筹划了一次特殊度假。她用数周时间安排度假事宜，甚至替我向老板请好了假，并请妹妹来家照看孩子。我去机场接妹妹以及她的儿子，却仍被蒙在鼓里。我以为妹妹是来我们家做几天客而已。妹妹担心我在得知度假之事时会因过于激动而引发心脏病，所以，从机场回家的路上，她一直在问我感觉怎么样。

到家之后，我和杜什卡开始为客人准备午饭。这时，孩子们发现路上驶来一辆加长豪华轿车。看着汽车慢慢驶近，我以为司机是迷路了或正在找附近的某位住户。汽车在我家门前停下，我肯定司机是停错地方了。我打开门，司机对我说："我是来接鲍里斯夫妇的。"

我刚想说他弄错了，杜什卡就冲了过来，给了我这个惊喜："咱们去瓦努阿图度假！"那是我做梦都想去的地方，位于南太平洋，由83个岛屿组成，热带雨林、瀑布、山川、美丽的沙滩……我有个朋友曾经去过，回来后向我描述了当地的美景。从那时起，我就一直想着带妻子去实地游玩一番。

在我们家，杜什卡掌管财政大权，负责收支问题。她早已订好酒店和来回的机票。这时，她递给我护照和早已收拾好的行李，接着告诉我，妹妹拉德米拉是来帮忙照看孩子的。我乐不可支地一个劲儿向她道谢，并将这份心意牢记于心。几年之后，我也策划了一次类似的海岛度假，给了杜什卡一个惊喜，也以同样的方式向她表达了谢意。

这两次旅行都算不上奢侈，而小小地表达一下感激和爱，总是一件好事。重要的是心意。每天对彼此心怀感激之情，能帮助夫妻克服很多困难。

对夫妻来说，幽默是另一件有治愈力的"武器"。我们的三个孩子有时打趣说，我总是太严肃了。我猜，身担重重责任的父亲，往往都是不苟言笑的。随着孩子们渐渐长大，我已经变得开朗多了。

在任何人际关系中，欢笑和幽默都很关键。我和杜什卡能保持幽默感，我们也发现，欢笑是缓解压力和紧张的一个好方法。《圣经》教导我们，无论何时都要欢乐、感恩，我认为这也是维持美满婚姻的良策。

有时候，在面对困难时，我们往往哭笑不得，但欢笑往往是更好的应对态度。力克的幽默感很强，能笑对人生，这使得他很有吸引力，能打破壁垒、消除误解。这是很好的天赋。

感恩是另一个减压良策，能转变局势，获得新的认识，提升气质。心理治疗师说，残障孩子和特殊孩子的父母若是把注意力放在孩子的长处上面，对其成就感到欣慰，比总是纠结于其身体障碍要有好处。

力克常讲一个故事，故事的主人公是我们家的一个朋友，他患了唐氏综合征。他对力克说，患上唐氏综合征其实是一件好事，“因为那意味着你会爱每一个人”。这就是感恩的心态。这种积极、乐观的心态同样能给面对育儿压力的夫妻带来极大的慰藉。我和杜什卡养成了一个习惯，那就是寻找事物阳光的一面，关注其好的一面，以维持婚姻的美好。比如说，养育没有四肢的孩子的确会有额外的花销，但我们同时发现，我们从来不需要给力克买汽车和鞋、袜、手套，这给我们省了很大一笔钱。

力克把这些话用在演讲中和书中，他还喜欢开玩笑，如坐在机场的行李传送带上绕圈，其间与等着取行李的旅客聊天。在为自己多用途的“小鸡腿儿”（这是妹妹米歇尔小时候给力克的左脚起的绰号）表示庆幸时，他喜欢说上一两句笑话。

《箴言》中说过：“喜乐的心，乃是良药；忧伤的灵，使骨枯干。”欢笑与感恩的治愈力在科研报告中早有涉及。欢笑与感恩能使人脑中分泌一种减压的化学物质。我鼓励所有夫妻，即使在困难时期也要保持幽默感，并时常为生活中的福分而感恩。

温馨提示：

对残障孩子的父母而言，最可怕的事就是忽视了婚姻。孩子需要稳固的家庭基础来提供支持和爱，夫妻二人也需要成为彼此的力量之源。

我在前文中曾建议大家，在孩子的医疗和教育问题上要组成团队，然而，最重要的团队当属父母。夫妻二人要共挑重担，互相鼓励，彼此支持。

在婚姻和抚养孩子方面，我和杜什卡都十分传统。但很早我们就意识到，在婚姻和家庭中所扮演的角色上，我们得灵活处理、随机应变。比如说，身为丈夫的我可以去洗衣、做饭，而身为妻子的杜什卡可以发号施令，掌握财政大权。

家中若有特殊孩子，挫折、失意和紧张不安极易升级。所以，交流想法和感情极为重要。

夫妻二人可以偶尔共处，重温当初的热恋之情。我发现这样很有好处。

不要不好意思，尽量把可用的资源用到极致。其中包括亲朋好友、牧师、心理治疗师、心理学家、互助小组、政府机构等。如果你需要帮助以巩固婚姻，那就尽管开口求助。

自嘲、嘲笑生活的坎坷，这是减压的好办法。我们建议大家多创造快乐的家庭时光，多结交风趣幽默的朋友，多看喜剧电影。

TEN

A Matter of Faith

第十章

信仰的力量

克服困难，更需要建立强大的精神基础

我和杜什卡竭尽所能，为了力克的独立生活做好准备。我们希望他事业有成、幸福美满，但有件事我们始终耿耿于怀。力克想要娶妻生子，但我们不知道他能否实现这个愿望。

力克快到 28 岁生日时，有一天，他从美国加州家里与我们在 Skype 上通话，他很激动，心情很好。

“我有件事要告诉你们。”力克说。

看到他紧张的笑容，我灵机一动，脱口而出：“你有女朋友了？”

力克顿时目瞪口呆，问道：“您怎么知道？”

他以为我会读心术，或是在世界各地监视他的行踪。我对他说，这是父亲的直觉。

“好吧，您猜对了。”他说道，“她太棒了！”

力克对我们说，这个女孩是个基督徒，他们俩是通过达拉斯一个共同的朋友认识的。接着，他给我们看了一位年轻姑娘的照片。我发现她有种异国之美，禁不住脱口问道：“她是哪国人？”

力克解释说，她母亲是墨西哥人，她父亲是日本人。

“她叫宫原佳苗。她有亚洲人血统，但是在墨西哥长大，讲西班牙语。”力克又解释道。佳苗的父母是在墨西哥一家园艺公司上班时认识的。佳苗和她的哥哥、姐姐、弟弟在墨西哥中部长大。佳苗十多岁时去了美国达拉斯。她是个护理专业的学生，也是个虔诚的基督徒。

力克说完，就等着我的一贯反应——每次他告诉我交了女朋友时，我都是同一种反应。过去，对力克谈恋爱的事，我一直不太支持，也不热心。其最大的原因，是我本能地想保护儿子，不愿他伤心。私底下，我对力克结婚成家一事总有疑虑。我知道，只有非常特殊的女人才会愿意嫁给一个没有四肢的男人。

“爸，我知道你又要说丧气话了。”力克催促道，等着我发表意见。

但这次我的回答令他惊讶：“她很漂亮，我不反对。”

力克觉得这是个好迹象。

后来，我对杜什卡说，我唯一担心的是，这个姑娘好得令人难以置信。日子久了，我们渐渐发现，尽管佳苗与我们的背景大不相同，但我们有两个关键的共同点：一是她无条件地爱着力克，二是她相信她的信仰能帮助她和力克克服一切困难。

信仰真诚，终能爱得圆满

后来，我们了解到，佳苗并非在基督教徒的家中长大。她的童年很辛苦，15 岁时才皈依了基督教。我和杜什卡出身于虔诚的基督教家庭，一辈子都是基督徒，但我们为佳苗的信仰之深而赞叹。她对力克的爱同样令我们赞叹。看到他俩从恋人变成夫妻，从夫妻变成父母，我和杜什卡对力克的期盼终于圆满了。

我认识很多残障孩子的父母，他们在得知孩子有残障时都会对信仰产生疑惑。最常见的问题是："仁慈的上帝怎会如此残忍地对待他的子民？"

大家要明白，对上帝及其意图有所怀疑是身为基督徒的自然反应，因为我们生活的这个世界，罪孽和痛苦、恩典和快乐是并存的。只要这样想，大家就轻松多了。残障孩子的父母在祈祷中会质疑上帝，并因此觉得愧疚。但是，大家要记住，耶稣在被钉在十字架上时，也有同样的反应。他仰头看天，问道："我的神啊，我的神，为什么离弃我？"

对特殊孩子的父母来说，质疑为何自己要吃苦受罪是一种自然反应，也是信仰的必经之路。我们或许会奇怪、不理解，上帝想给我们什么样的教诲，孩子的痛苦怎能证明上帝的恩典和荣耀。《罗马书》（8:38–39）说："无论是……都不能叫我们与神的爱隔绝。”若不完美的人生令我们痛苦，让我们无法理解，我们能做的只有保持虔诚，信服于上帝的仁慈和爱。“好人为什么有灾？”这个问题很难或无法解答。真正虔诚的人不妄求理解，只是信服于信仰。养育残障孩子是个复杂的问题，没有简单的答案。

有些特殊孩子的家长说，他们从养育孩子的经历中获得了很多回报。也有人问，这些回报的代价如此之高，是否值得让孩子一生吃苦受罪？基督徒往往认为上天堂后自有回报。上帝并未许诺我们在世间活得轻松、愉快，连他的儿子也为了世人所犯的罪而牺牲，付出了最高的代价。

我秉持信徒的立场，但是，即使力克的身体障碍使我怀疑上帝、质疑信仰，力克仍不能长出四肢。信仰只能帮我们以基督徒的低姿态看待、应对周围世界，并不能给我们提供解决办法，也不能保证我们在世间活得轻松。

家里的每个人、教会里的每个人，甚至世界上其他地方的很多传教士都为力克祈祷、斋戒，可上帝并未如我们所愿地在力克身上降下神迹。我们只好向前看，接受儿子的身体障碍。我们遵循《圣经》的教导，始终相信——哪怕我们的信仰只有芥末籽那么微不足道，我们也能移山倒海，一切皆有可能。

若我们信仰真诚，上帝就能使我们的人生充满可能性，力克就是最好的证明。我们现在明白了。然而，看到孩子出生时没有四肢或有特殊需求，哪怕是最虔诚的父母也会质疑上帝的意图。

基督徒受到的教导是，在亚当和夏娃因犯下原罪被上帝流放之前，世间是没有疾病和残疾的。所以，基督徒可能会不理解（我就困惑不解）上帝创造出不完美的孩子，不是因他们犯的罪或信仰不够虔诚而使上帝降下惩罚。残障孩子的父母还会觉得上帝对他们不公平，进而心生怨恨，其信仰也开始动摇。

这些消极的念头和情绪，我和杜什卡都有过。我们发现，要想克服这些负面思绪，需要非常虔诚才行。而要达到“上帝从不犯错”的信仰高度，需要极强的精神力量。世间所有的子民都是上帝依照自己的形象而创造出来的，理应了解他、荣耀他。

每个残障孩子都是按天父的设计和意图创造出来的“完美有缺”的人，而我和杜什卡有过很长的心路历程，才接受了这一观点。有一则寓言，说的是一位农妇每天用有裂纹的水罐打水，回家的途中顺便浇灌了路边的花。我们都跟寓言中有裂纹的水罐一样，我们的不完美自有其作用。我们往往无法得知这一作用，只能先接受现实，再慢慢探索。

人生的顺境和逆境，都是风景

力克出生时，我是个平信徒牧师。在他出生之前，我常在布道中讲述上帝的仁善和无尽的爱。就像《罗马书》(8:28)中所说的那样："我们知道万事都互相效力，叫爱上帝的人得益处，就是按他的旨意被召的人。"

力克出生之后，我能想象得到教众在想什么：如果上帝是如此对待善良的信徒的，我们为何要信奉一个如此残忍的天父？

教会的教众与我们一样愤愤不平。他们与我们一起祈祷、斋戒，请求上帝降下神迹，让力克长出四肢。《圣经》里说，只要对上帝服贴，他就会保佑你、照顾你。我们觉得对上帝一直是顺从的。所以，我们无法理解，一个没有四肢的孩子怎能反映上帝对我们的爱？我能想到的唯一的解释就是，上帝这是在考验我和杜什卡，就像他考验过其他虔诚的人一样，如《圣经·旧约》中的约伯、约瑟。

我最后想明白了，哪怕是生活中最令人痛苦的遭遇，也能转变为快乐、满足、幸福和虔诚。我们养育力克的经历，向其他残障孩子的父母证明了：上帝是爱这些孩子的，他们的人生不是个错误，他们的人生也有意义。

倘若身处逆境，倒不一定是报应。想一想，你能有多少次“塞翁失马安知非福”的经历？力克的身体障碍想必算得上是一件坏事，可他是上帝给我们的恩赐。类似事例还有很多。这就是人生的现实。我和杜什卡得摆脱疑虑和担忧，带着信仰生活。这并非易事，但话说回来，也许上帝原本就没打算让我们过得轻松。或许他想考验我们，如此一来，力克长大之后才能成为上帝的优秀子民，我们也会变得更加虔诚。

我和杜什卡早期艰难应对，我们的疑问和祈祷毫无回应，所以，我们看不到力克的人生目标，直到上帝将其展现出来。如果没有信仰，我们或许永远无法给力克指引，使他做好人生的准备。信仰给了我们力量、动力和希望，而这些对力克的生计和幸福至关重要。所以，我们仍坚持信仰，并把对天父的仁善的信心深植力克心中。时至今日，信仰已经成了力克的人生目标和驱动力。

所有信徒都有这些优势。耶稣说：“离了我，你们就什么都做不了……在世上你们有苦难，但你们可以放心，我已经胜了世界。”使徒保罗相信：“借着使我刚强的基督，我一切都能。”他也得到了相同的优势。

我和杜什卡怀着同样的心情，把信仰当作盾牌，抵挡疑虑和担忧。我们尽力过好每一天，对未来充满美好的憧憬。我和妻子尽量不想得太多，而是从《圣经》的积极哲理中得到希望，如：

上帝无所不见，无所不知。

上帝知道其中缘故，我则不必明白。

上帝说爱我，我只需接受、相信即可。

上帝使万事相辅相成，是为了爱上帝之人得到益处。

每增一份重担，上帝都会赐我们一分力量。

力克出生之后，我和杜什卡的信仰动摇过，而力克毫无怨言、坚定不移、不屈不挠。最后，在力克的影响下，我们的信仰也加强了。这是个渐进的过程。最初，我们并未将重拾信仰的事告诉别人。久而久之，我们开始向别人讲述这段经历，与牧师及朋友一起读《圣经》，一起祈祷。我们继续摸索前行，想弄明白：身为基督徒父母，而孩子似乎被造物主残忍地加上了重担，这到底意味着什么？

我们暂时接受了现实，但有时候我们仍会感到疑虑、担忧和迷惑。我们仍为力克的将来而纠结。我们找不到答案，就通过祈祷将其摆脱。这个过程就像力量训练。不断举重，直到举不起来，随之变得强壮，然后进入下一个重量难度。对我们而言，虽然我们为奇迹而祈祷、斋戒，但我们增长的是信仰的强度。

我们从《圣经》中上帝回应向他求医之人的故事中得到希望，其中就包括萨拉和哈拿。他们夫妻一直未能生育，直到上帝降下神迹，赐给他们孩子。耶稣治愈了很多麻风病人，还有聋哑人、盲人等。然而，在有些人身上并未上演神迹，因为他们不够虔诚，或上帝对其另有安排。有时候，耶稣似乎想让他们或他们的亲人变得更虔诚、更有耐心一些，因为他想判断他们配不配他出手施术。

所罗门王曾写道："没有上帝，生命将毫无意义。"倘若相信死后即有新生，那此世的艰辛就能说得通了。如此一来，信仰就使我们不能理解的事物有了意义，比如上帝为何会让他的子民身患残障。

即使我们接受了身为没有四肢的孩子的父母的现实，有关问题仍如影随形，那就是上帝为什么要让一个孩子背上如此沉重的负担。通过学习《圣经》，我们得到了指引。《罗马书》（5:3–5）教导我们：就是在患难中也是欢欢喜喜的。因为知道患难生忍耐，忍耐生老练，老练生盼望，盼望不至于羞耻；因为所赐给我们的圣灵将上帝的爱浇灌在我们心里。

《雅各书》（1:2）说的是："你们落在百般试炼中，都要以为是大喜乐。"《雅各书》（1:12）说的是："忍受试探的人是有福的，因为他经过考验以后，必得生命的冠冕，这是主应许给那些爱他之人的。"

我们还得牢记一句话：上帝是慈爱、仁善和公平的。但人世的生活却可能无情、残忍和不公。我们还要明白，我们被创造出来，为的是把荣耀带给上帝。而在这件事上，残障孩子与健全的孩子没有区别。上帝从未许诺，说我们的生活中不会有痛苦。他只承诺，只要我们信奉他，他就对我们不离不弃。我们发现，我们得相信他的智慧和好意，要相信他的教诲，而非我们的感受，要相信他的恩宠足以应对所有艰辛。

在残障孩子和特殊孩子的父母心中，想问上帝的问题层出不穷。时至今日，力克已经有了精彩的人生和美满的家庭，也找到了人生的目标——给全世界人民带去希望。可即使如此，我还是很纠结，因为我始终无法理解力克的残障：

我的儿子必须没有四肢，才能达成上帝的目的吗？

他若是有了四肢，就不如现在这样鼓舞人心了吗？

他若是肢体正常，就不能引导数千人皈依基督教了吗？

我有很多问题至今都找不到答案，但毫无疑问，我和杜什卡那深植的信仰帮助我们更好地处理力克的困难。我们知道，上帝是陶匠，我们是黏土。黏土不会问陶匠“你为什么把我做成这副模样”。决定权在陶匠手里，黏土要么服从他的意愿，要么碎掉或变成废品。

时至今日，我们仍期盼出现奇迹，力克也是如此。我在前文中曾提到过，力克至今都在衣橱中存放鞋子，因为他在等着上帝回应他的祈祷——赐给他四肢。他的信仰是如此虔诚，甚至能在常人不敌的艰苦面前迎难而上。对此，我甚为敬佩。

TLC（学习频道）曾为力克做了一期专题节目，名字是《天生没有四肢》，于 2015 年首播。其中有个片段展示的是力克脱 T 恤衫的情景。他先是咬住 T 恤衫，将其扯到肩部，再用肩膀将 T 恤衫一角抵在墙上，然后扭动身子，把头从衣领里缩进去，接着将其完全脱下。简简单单的一个脱 T 恤衫的动作，他就要比正常人花十倍的努力，克服十倍的困难。力克的人生和重担就是如此，但在大多数日子里，他优雅而风趣地应对而过。

若论信仰，力克比我要虔诚。我很高兴，他需要这股力量来鼓舞志气，度过每一天。

力克与佳苗的爱情

力克和佳苗恋爱时，我和杜什卡还住在澳大利亚。他俩相处了 3 个月之后，我们才首次与她见面。不过，其间我们曾有几次通过 Skype 视频对话。佳苗很迷人，也很可爱。很明显，佳苗对力克也很着迷。她含情脉脉地看着力克，对力克说的每一句话都报以笑声。可知子莫若父，力克哪有那么风趣！

当然，我这是在开玩笑。但是，任何父母都会认同这一观点：我们对孩子的才华和缺点了如指掌。即便他们长大成人，在父母眼里始终还是孩子。知子女莫若父母，所以当他们恋爱时，我们禁不住会怀疑，对方是否知道他们的真实情况。

力克没有四肢，也就是说，丈夫的分内之事里有很多他做不到，比如给孩子穿衣、吃饭等。他自己甚至在吃饭、洗澡、穿衣时尚需要妻子的帮助。

这么说可能有些煞风景，但我真的很不解，以佳苗的条件，绝对是不愁嫁的，她为何要与一个没有四肢的人共度余生？我并不是说力克不值得爱，但力克曾有过一些恋爱经历，且均以伤心收场，其中有个女孩已经与力克到了谈婚论嫁的程度，却在其父母的逼迫下与力克分了手。

力克与佳苗相恋了几个月，他们对这份感情非常认真。我和杜什卡决定去美国当面见见她。我们想深入地了解一下佳苗的成长经历、对将来的打算，以及她的信仰虔诚程度。

我们还想向佳苗解释清楚，倘若她嫁给力克会是什么状况。我们毫不怀疑，力克绝对是个极好的丈夫和父亲，但嫁给一个没有四肢的人，随之而来有很多困难和麻烦。重中之重的是，我们得询问一下佳苗的信仰虔诚程度。因为我知道，倘若嫁给力克，她的信仰将受到考验，就像力克出生时我们夫妻俩受到的考验一样。我和杜什卡曾以为我们的信仰能经受任何考验，但力克出生及童年的艰难困苦，使我们在养育力克的过程中对上帝的慈爱多次有了疑问。我们认为，能做力克妻子的，得是个极为高尚的人。

作为父母，我们很清楚力克什么事能自理，什么事需要帮助。我们知道，不论谁嫁给他，都会面对很多麻烦。力克的出行安排非常密集，对时间和精力要求很高，更别说他的日常护理和帮助了。身为力克的妻子，得在他迷惑和失望时给他支持、安慰、约束和睿智的建议。

我们有很多担忧的问题想跟佳苗好好谈谈，但归根到底，还是信仰的问题。我们相信，佳苗对力克是真爱。我们想确定她有足够的精神力量来支持和帮助力克，使他实现人生目标。

多年以来，力克曾谈过几次恋爱。而每次分手，力克都会深受打击。其中大部分女孩并无恶意，她们喜欢、仰慕力克，但只把他当朋友，而非未来的丈夫。力克的妻子，应该真正接受他、爱他，婚后也不会弃他于不顾，不会伤害他，毁了他的人生。

夫妻二人应该有相同的信仰和价值观

我们认识几位残障人士，其配偶很优秀，他们也很恩爱。其中一对就是力克的良师益友乔妮·厄尔克森·塔达和她的丈夫肯。乔妮四肢瘫痪，是“乔妮和朋友的国际残障中心”的创办人。而“乔妮和朋友的国际残障中心”是一个残障人士的国际倡导组织。肯是个退休的中学教师兼教练。他们在力克出生那一年结的婚。两人比翼齐飞，在全世界范围内推广基督教慈善工作。

肯写过一本书，解释了一位健全的男士如何爱上了一位残障的女士。他们的故事令人感动，但他们也坦率地谈到了经历的许多磨难。爱就像橡皮筋一样，一直拉伸，早晚会断。肯在书中说，身为乔妮的丈夫和护理人员，他经常感到身心疲惫。他曾在消沉和忧愁中挣扎，因为他觉得二人的婚姻已无以为继。“多亏我信任上帝的安排，不然还真不一定能顺利走下来。”肯曾对记者如此说道。

肯和乔妮信仰相同，真诚交流，二人携手经历很多“风浪”。他们俩都是杰出的人。初遇乔妮时，肯是个虔诚的基督徒，他后来承认，说自己的信仰曾因婚后的压力而经受多次考验。我担心力克和佳苗婚后可能会面对同样的问题，所以，我们想在他们的关系进一步发展之前好好跟佳苗谈谈。婚姻在大多数时间里是美好的，但偶尔也会因环境变化、激情消退、残酷的现实所带来的压力和挫折而变得艰辛而酸楚。最基本的问题是，夫妻关系不应仅仅以外在的吸引或渴望结婚为基础。夫妻二人应有相同的信仰和价值观，并承诺将其维持下去，安然度过生活中不断出现的、不可避免的、意外的“风吹雨打”。

我们希望力克的妻子能跟他一样对婚姻全心全意。她得做好充足的准备：她的丈夫虽然个性坚强、心态积极，但有很多身体障碍。

“审问”未来的儿媳妇

2011 年，我们从澳大利亚前往美国去见佳苗。一路上，我们想的是上面那些顾虑。我们有个严肃的问题要问她，却不是为了吓唬她。佳苗后来把这次见面谈话称作“审问”。回想起来，我能明白她的意思。这是她与未来公婆的首次正式谈话。我们不是没事找事，只是想确定她的爱和信仰是否足够强大，以维持与力克的婚姻。佳苗当天有些紧张——这是每个人与未来公婆（岳父母）正式见面时的正常反应，但她优雅、睿智，还颇为老成地回答了我们的问题。接着，她跟我们说了说她的家庭情况，我们也明白了她强大的内心是如何而来的。佳苗和她的哥哥、姐姐、弟弟在墨西哥长大，说西班牙语，街坊四邻称他们“那家子日本人”，因为他们是当地仅有的亚洲面孔。佳苗 10 岁的时候，她的父母就离婚了，家里顿时乱成一团。她的母亲从家里搬走，后来又去了美国。佳苗和哥哥、姐姐、弟弟跟父亲生活，帮他照料苗圃和园林绿化生意。

佳苗的父亲名叫宫原清志。佳苗上小学时，她父亲被诊断出患有白血病。佳苗 14 岁时，她父亲回日本治病。父亲在日本接受化疗期间，佳苗一边照看弟弟，一边打理父亲的生意。①

可惜的是，佳苗的父亲因医治无效在日本去世。佳苗带着弟弟去了美国达拉斯，投奔母亲及其他亲戚。在那里，佳苗的母亲和姐姐皈依了基督教。佳苗也跟着她们参加宗教活动，并愿用生命信奉耶稣。

佳苗生动地讲述了她的经历，我和杜什卡深受感动。在她优雅、温柔的外表下，蕴藏着巨大的力量。佳苗抚养弟弟，还打算去当护士，由此可见她懂得照顾人，乐于奉献。接着，

① 当时，佳苗的哥哥在另一个城市上学、生活，姐姐去了得克萨斯州一个亲戚家里。

我们问到她的信仰。她坦诚地说，少年时她很少去母亲所在的天主教会，因为她得照顾父亲的生意，宗教并非家庭的中心内容。

十多岁时，在墨西哥，佳苗的信仰之路颇为坎坷。就是在那时，她去了美国，加入了姐姐所在的基督教青年团契，也找到了安慰与平和。她说，新的信仰把她带到了力克身边，因为他俩就是在力克为佳苗的一群基督教朋友演讲时认识的。他们俩的恋情是以共有的精神信仰为基础的。

佳苗的话令我们信服。于是，我们问了她几个深入的问题。她应答得体，有理有据。她说，刚认识力克时，她从他的眼睛看到了他的心灵，而非只看到他没有四肢。她解释说，那时她正与相处很久的男友分手，因为他的信仰不如她虔诚。在她眼中，力克不仅与她有相同的信仰，还走遍世界与人分享。

身为一名资深的护士，杜什卡务实而直率。她又问了佳苗几个尖锐的问题："你真的明白力克的身体障碍会给日常生活带来怎样的影响吗？他离不开轮椅，家务帮不上什么忙，吃饭和上厕所还得别人帮助，你做好准备了吗？"

佳苗的回答很直白。她说她早已在很多方面帮助力克，甚至包括把他抱起来放到轮椅上。我和杜什卡听了大吃一惊，因为力克身体很结实，比看上去要重得多。我们无法想象，佳苗这样娇小的姑娘怎能抱得动他。要知道，连我抱他都有些吃力呢。

杜什卡又问了佳苗一个难题，而佳苗的回答令当天的“审问”圆满结束了。关于力克天生没有四肢这个情况，在医学、基因、环境等方面，医生至今都没有找到确凿的原因。有几位医生跟我们说，他的情况遗传给孩子的概率微乎其微。可尽管如此，我和杜什卡需要知道，佳苗是否对遗传的可能性有所准备，她是否具备强大的精神支柱，以经受信仰的关键考验。

杜什卡的问题是：“要是你和力克结了婚，生下的孩子没有四肢怎么办？”佳苗并未退缩，而是信誓旦旦地答道：“我知道存在微小的可能性，但是，即使我们生下 5 个这样的孩子，我也会像爱力克一样爱他们。如果真是这样，我也比别人更有准备，因为我身边有力克，他是最好的榜样。”

无须多言，佳苗当天就赢得了我们的认可。倘若这真是一场审问，那佳苗已经成功地把我们“策反”了。如果说我们对佳苗与力克的长久发展尚有一点点疑虑，那也只是因为担心他们俩不同的文化背景。而几个月之后，我们与力克、佳苗以及佳苗的娘家人在达拉斯相聚。然后，我们连这点儿疑虑都没有了。

大家也许会觉得，塞尔维亚裔澳大利亚人应该跟日本、墨西哥裔美国人没有什么共同语言。其实不是。佳苗的家人真的把力克视作他们的一员。我们爱佳苗。我们都喜欢小孩、唱歌，以及享受生活。有了这些共同点，再加上共有的基督教信仰，我们觉得，力克与佳苗的美好生活再无障碍。此后，他们也证明了这一点。

本书写作期间，力克和佳苗的第二个儿子德扬出生了。小家伙健康、活泼，跟他的哥哥清志一样（为了纪念佳苗去世的父亲，力克和佳苗的第一个孩子用了他的名字）。

前文中我曾提到，看着力克妻儿双全，我们的信仰也圆满了。力克小时候，我们因疑虑、担忧和害怕而动摇了信仰。我们曾质疑上帝对力克的爱，还曾怀疑是否有女人会爱上力克，并嫁给他。我们曾担心力克能否娶妻生子。现在，这些焦虑、担忧和害怕被一扫而光。

我听过这样一个说法，有时候，我们只盼着想要的奇迹，却看不到上帝已经赐给我们的奇迹。表现在我们身上就是，我们盼着力克能四肢齐全，并为之再三祈祷，至今仍在祈祷奇迹的发生。然而久而久之，我们发现，上帝早已把很多奇迹降福在我们身上。力克的精彩人生里有很多奇迹因素。他给全世界带来鼓舞，他引领很多人皈依基督，他娶佳苗为妻，并有了两个孩子……上帝并未治愈力克的身体，但在很多方面都赐福于他及所有爱他的人。

对力克和佳苗来说，为人父母并非易事，也会给他们的婚姻带来压力。但我和杜什卡极有信心，只要听从上帝的安排，力克夫妻二人一定会永不止步。他们俩或许不能手拉手、臂挽臂，但他们会心怀信仰，并肩而行。养育力克的经历使我们明白，只要相信上帝的安排，他就会赐予你所需的一切力量。

温馨提示：

你若为孩子为何背上残障或伤病的负担而迷惑不解，请不要觉得羞愧。若是没有这些疑问，生活中就不需要信仰了。你可能永远都不明白孩子为何要受折磨，但你要相信，这不是对你或孩子的惩罚。你要做的就是心怀信仰，一步一个脚印，去寻找人生路上的目的和意义，就像我们和力克那样。

第一步是理解上帝的智慧和爱。第二步是用行动来证明信仰，并给孩子提供坚实的基础，包括无条件的爱，以及难以撼动的自尊。还要记住，上帝从不犯错，他平等地爱着每一位子民。

我们都不完美，因为我们生在一个不完美的世界。上帝知道我们的弱点，也知道我们能坚强起来。《罗马书》(8:29)

说得好：“因为神预先所知道的人，就也预先定下效法他儿子的模样，使他儿子在众多弟兄中做长子。”

倘若孩子有身体障碍，没有人会认为其父母能做到心中释然。但我认识的大多数人都说，他们拥有的福气大得出乎意料。我们都接受这福分，心怀感激，专心为孩子提供最好的生活。

不要为未知的事和孩子的将来担忧。请上帝爱你的孩子、保护你的孩子，顺从于上帝为你安排的人生，把精力放在力所能及的事上。

为孩子祈祷奇迹。我就曾为力克祈祷拥有四肢，这样他就能跟他的孩子一起奔跑，能将妻子、孩子拥在怀中。我渴盼祈祷成真。但是，看着力克跟他的妻儿在一起，沐浴在爱中，我不再质疑上帝对他的安排。我为之感到惊奇。我知道这是好事而非坏事。我要感谢上帝，他使我变得更通情达理，更能理解世界真正重要的是什么。

致　谢

这是我的第一本书。写书的过程中，我五味杂陈，启迪连连。力克曾写过几本书，而在写书过程中，我有了新的体会。在此，我要感谢妻子杜什卡，她帮助我回顾养育力克、亚伦、米歇尔的历程，并做了有益的补充。杜什卡一如既往地给了我爱、支持和力量。我还要感谢三个孩子，谢谢他们对本书的支持及无尽的、无条件的爱。

为了写这本书，我从力克那里借来了他的写作伙伴维斯·史密斯。我要感谢他的辛苦工作、耐心和毅力。感谢所有使我写书的梦想成真的人：我的文稿代理人简·米勒·里奇、尼娜·玛多尼亚、杜普生·米勒事务所的同仁。还有企鹅兰登书屋分部默尔特诺马瓦特布鲁克出版社的出版团队，包括：蒂娜·康斯特布尔、亚历克斯·菲尔德、乔安娜·因伍德、布鲁斯·尼格伦、劳拉·怀特。

最重要的，我要感谢上帝：圣父、圣子、圣灵。谢谢他赐予我的人生如此多的爱，谢谢他教导我——每个孩子都是完美的。

最后，同样要感谢所有为我、为我妻子祈祷的人，以及给我们经济支持的人。谢谢你们帮我们实现了《人生不设限》中的目标。

愿上帝保佑本书所有的读者。我祈祷，这些文字能以一种崭新而充满活力的方式打开你的心扉和思想，使你能把信仰转化为行动，并启迪他人也如此去做。